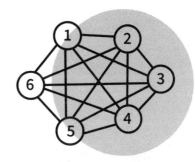

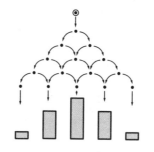

趣谈概率

从掷骰子到人工智能

张天蓉 / 著

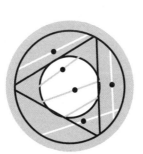

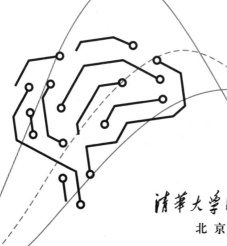

清华大学出版社

北京

图书在版编目（CIP）数据

从掷骰子到人工智能：趣谈概率 / 张天蓉著.

北京：清华大学出版社，2024. 6. -- ISBN 978-7-302
-66451-2

Ⅰ. O211.1-49

中国国家版本馆 CIP 数据核字第 202446843R 号

责任编辑：胡洪涛　王　华
封面设计：于　芳
责任校对：欧　洋
责任印制：丛怀宇

出版发行：清华大学出版社
　　　　　网　　　址：https://www.tup.com.cn，https://www.wqxuetang.com
　　　　　地　　　址：北京清华大学学研大厦 A 座　　　邮　　编：100084
　　　　　社 总 机：010-83470000　　　　　　　　　　邮　　购：010-62786544
　　　　　投稿与读者服务：010-62776969，c-service@tup.tsinghua.edu.cn
　　　　　质量反馈：010-62772015，zhiliang@tup.tsinghua.edu.cn
印 装 者：北京嘉实印刷有限公司
经　　销：全国新华书店
开　　本：165mm×235mm　　印　张：11.75　　字　数：182千字
版　　次：2024 年 8 月第 1 版　　　　　　　　印　次：2024 年 8 月第 1 次印刷
定　　价：59.00 元

产品编号：102970-01

　　这是一本写给对概率统计及应用有兴趣的非专业读者的书,目的是帮助他们理解高科技发展中概率统计等概念的意义。本书写作中以悖论、谬误,以及一些饶有趣味的数学案例作先导,引起读者的兴趣和思考,在解答问题的过程中讲述概率论中的基本知识和原理及其在物理学、信息论、网络、人工智能等技术中的应用。书中介绍的著名趣味概率问题包括赌博点数分配问题、赌徒谬误、高尔顿钉板、几何概型悖论、酒鬼漫步、德国坦克问题、博士相亲、中国餐馆过程等。通过讨论这些简单有趣的例子,让读者了解概率统计中的重要概念,诸如随机变量、期望值、贝叶斯定理、大数定律、中心极限定理、马尔可夫过程、深度学习、判别型和生成型,等等。

　　针对概率论,有法国牛顿之称的拉普拉斯(1749—1827)曾说:"这门源自赌博机运之科学,必将成为人类知识中最重要的一部分,生活中大多数问题,都将只是概率的问题。"

　　两百多年之后的当今文明社会,证实了拉普拉斯的预言。这个世界充满了不确定性,作为数学领域的一个重要分支,概率的基本概念早已渗透到人们的工作和生活中,小到人人都可以买到的彩票,大到如今热度不减的各种大数据,还有近年来突飞猛进的人工智能技术,包括打败人类顶级围棋手的"阿尔法狗"、自动车辆使用的"深度机器学习"算法、代表人工智能突破里程碑的ChatGPT等,都与概率论密切相关。

　　因此,人人都有必要学点概率论,了解概率与统计有哪些基本理论。世界是随机的吗? 它们是如何被应用到现代科学及人工智能中的? 然而,因涉及复杂的数学计算等问题,这个领域使公众望而生畏。本书旨在尽可能地跳出数学公式,用平铺直叙的方式将概率与统计中一些艰深的概念转为公众更容易理解的实际案例。

历史启迪思考,阅读使人受益。概率论本来就是从多种赌博游戏中诞生的,因此,本书第1章从概率论的诞生历史开始,继而通过介绍经典概率论中几个著名悖论,让公众了解大数定律、中心极限定理、贝叶斯定理等概率论中的基本概念及应用。

第2章主要介绍在现代概率论及应用中极其重要的贝叶斯学派。有趣的三门问题是一个经典问题,但由此启发我们思考概率之本质,从而有利于介绍概率论中"频率学派和贝叶斯学派"的两派之争。多数概率论书籍均仅仅基于频率学派之观点而写成,而本书只在第1章中涉及古典概率论(即频率学派)的基本概念,之后便将贝叶斯学派颇为不同的思考方法,贯穿于本书的叙述中,这也是本书的特色之一。

概率描述的随机变量如何随时间而演化? 这类由一系列随机变量而构成的"随机过程",是在第3章中介绍的内容。随机过程这个听起来生涩的数学专业词汇,也被作者用"酒鬼漫步"的通俗例子解读得一目了然。

第4、5、6章分别简要地介绍概率论在统计物理、信息论、网络理论中的应用。同样地,作者努力避开说教式的言辞,把知识融入故事中,在讲解知识的同时,带给读者阅读故事、解读难题的乐趣。在最后一章中,首先提纲挈领地介绍人工智能中热门的深度卷积神经网络,尽管只能管窥蠡测,但几个关键算法也让读者对机器学习之奥秘能略知一二。然后,对机器学习中的判别型和生成型之区别作了一个简单比较,以解释2022年年底由美国人工智能公司OpenAI推出的ChatGPT的基本工作原理。

本书既可浅读,也能深究,尽量做到满足各个教育水平大众的阅读趣味。本书涉猎的知识范围广泛,将数学、物理、通信、信息、计算机、人工智能等多个领域,通过"概率"而串联到了一起。希望本书可以帮助读者更快速、深刻地理解概率统计,将其应用于生活和社会,也可以让年轻人从游戏和趣题中学到知识,吸引他们迈入基础科学、人工智能、信息技术的大门。

当今社会,处处是概率,万物皆随机,悖论知多少,趣题相与析。大家都来读书解惑,玩玩有趣的概率游戏吧!

目　录

第 1 章　趣谈概率

　　骰子，一种古老的赌具，据说人类在 5000 年前就开始使用它。它最早由埃及人发明出来，并且在其他几大文明古国的历史中也有独自发明类似物件的记载。不过，虽然人类将骰子甩来抛去几千年，却没有明白其中深藏的数学奥秘，直到距今 400 多年前……

1. 帕斯卡和法国数学：概率论的诞生

　　17 世纪时，从意大利开始的文艺复兴运动已经席卷欧洲，也波及法国，给这里带来了科学与艺术的蓬勃发展和革命。法国数学界人才济济、群星璀璨，人们称其为数学之邦，它也不愧是概率论之故乡。

　　谈及 17 世纪的法国数学，不可不提一位举足轻重的人物：马兰·梅森（Marin Mersenne，1588—1648）。梅森是一位数学家，但他的主要贡献不是在学术方面，这方面能列得出来的成果只有一个"梅森素数"。梅森出身于法国的农民家庭，不是贵族却成为许多爱好科学的贵族间的联系纽带。梅森少年时毕业于耶稣会学校，是笛卡儿的同校学长，于 1611 年进入修道院，成为法国天主教的一名教士。1626 年，他把自己在巴黎的修道室，办成了科学家们的聚会场所和交流信息中心，称为"梅森学院"（图 1-1-1）。这个联系和组织人才的"科学沙龙"，实际上是后来开明君王路易十四所创建并给予丰厚赞助的"巴黎皇家科学院"的前身（图 1-1-2）。因此，梅森为法国科学（特别是数学）的发展做出了巨大的贡献。

　　梅森见多识广，才华不凡，性格随和，平易近人，在他的身边很快聚集起一批优秀的学者，他们定期到修道室聚会。此外，当时的梅森科学沙龙还经常使

马兰·梅森　　　勒内·笛卡儿　　　布莱兹·帕斯卡
(1588—1648)　　(1596—1650)　　(1623—1662)

皮埃尔·费马　　　克里斯蒂安·惠更斯
(1601—1665)　　　(1629—1695)

图 1-1-1　梅森及梅森学院的部分数学家

图 1-1-2　油画：1666 年，柯尔贝尔向路易十四引荐巴黎皇家科学院成员
（引自维基百科 French Academy of Sciences 词条。）

用通信方式互相联系，或单独与梅森联系，报告交流研究成果和新思想，因此人们称它为"移动的科学刊物"。梅森去世后的遗产中留下了与其他 78 位学者之间的珍贵信函,其中包括笛卡儿、伽利略、费马、托里拆利、惠更斯等欧洲各国多个领域的科学家。例如,笛卡儿有 20 多年隐居荷兰,在那里完成了他在哲学、数学、物理学、生理学等领域的许多主要著作,在此期间只有梅森定期与他保持通信联系。

我们熟悉的笛卡儿,全名为勒内·笛卡儿(René Descartes,1596—1650),就是那位以说出"我思故我在"而闻名于世的现代哲学之父及解析几何的奠基人。笛卡儿出生在法国北部的都兰城,他的父亲是当地的一个议员,母亲在他 1 岁多时因肺结核去世,并将这个当时被列为不治之症的疾病传染给了他,因此,这个贵族家庭对体弱多病的笛卡儿宠爱有加。

另一位法国数学家,布莱兹·帕斯卡(Blaise Pascal,1623—1662)出生于法国中部小城克莱蒙费朗的小贵族家庭。帕斯卡比笛卡儿小 27 岁,但两位数学家的童年却有不少共同之处,都是母亲早逝、父亲富有、身体羸弱、智力过人。其实不仅仅是童年生活,两位学者的学术生涯也有不少共同点,都兴趣广泛、博学多思,他们除在科学上的许多领域做出杰出贡献之外,也都在人文和哲学方面取得了非凡成就。并且,在成名之后,笛卡儿和帕斯卡两人不约而同地选择了半隐居式的生活。帕斯卡于 39 岁时在巴黎英年早逝,笛卡儿也逝于 54 岁,不过这位"现代哲学之父"之死颇具传奇性。笛卡儿原本企图追求"安宁和平静"的隐居生活,平生的习惯是"睡懒觉",躲在暖和的被窝里思考数学和哲学问题。据说他的解析几何坐标概念的灵感就是在做了"三个奇怪的梦"之后得来的。可是,笛卡儿在晚年,被瑞典的克里斯汀女王看中,召见其给她讲哲学晨课。女王喜欢早起,可怜的已经年过五旬的笛卡儿只好违背他多年的作息习惯,每天早上 5 点爬起来给女王上课,最后因为适应不了北欧严寒多雪的冬天,于 1650 年因肺炎去世了!

生活在法国南部的著名律师和业余数学家皮埃尔·德·费马(Pierre de Fermat,1601—1665)也是通过书信的方式与梅森及其他数学同行保持联系,他的不少数学成果都是在书信中诞生的。

还有荷兰人克里斯蒂安·惠更斯(Christiaan Huygens,1629—1695),著名的物理学家、天文学家和数学家。他曾经师从笛卡儿,后来又通过书信交流成为梅森学院重要成员。梅森去世后,巴黎皇家科学院成立,惠更斯为首任院长,在巴黎待了近 20 年。

- 神童帕斯卡

才华横溢的帕斯卡参加梅森学院聚会时才 14 岁,而当时的笛卡儿却已经过了不惑之年。两人身世相仿,关系却并不融洽,似乎有些嫉妒的阴影掺杂其中。

科学神童帕斯卡在他 11 岁那年,创作了一篇关于身体振动发出声音的文章,懂数学的议员父亲担心他荒废拉丁语和希腊文的学习,于是禁止他在 15 岁前继续追求数学知识,但有一天,12 岁的帕斯卡用一块木炭在地板上画图,证明了欧几里得几何的第 32 命题:三角形的内角和等于两直角。从那时起,父亲改变了想法,让小帕斯卡继续独自琢磨几何问题,后来还带着他旁听并参加梅森学院每周一次的科学家聚会。

帕斯卡在 16 岁时写了一篇被称作神秘六边形的短篇论文《圆锥曲线专论》。文章中证明了一个圆锥曲线内接六边形的三对对边延长线的交点共线,这个结论现在被称为"帕斯卡定理"(图 1-1-3(a))。文章被寄给梅森神父后得到众学者的极大赞赏,只有笛卡儿除外。笛卡儿不常亲临巴黎的聚会,但看了帕斯卡的手稿后,一开始拒绝相信这是出自一个 16 岁少年之手,认为是帕斯卡的父亲所写。后来,尽管梅森再三保证这是小帕斯卡的文章,笛卡儿仍然不屑一顾地耸耸肩膀,表明没什么大不了的。但实际上,帕斯卡定理对射影几何早期的发展起了很大的推动作用,向人们展示了射影几何学深刻、优美、直观的一面。

帕斯卡也喜欢研究物理问题,曾针对真空及大气压的性质进行实验。17 世纪 40 年代,伽利略的弟子托里拆利(Torricelli,1608—1647)发明了用水银柱测量气压的方法,确定一个大气压强可以使得水银柱上升大约 76cm。实验结果激发了当时的物理学家们思考和讨论大气压力及空气重量的问题。年轻的帕斯卡首先重复了托里拆利的实验,继而进一步猜测:如果将气压计放在一个高高的塔顶上,其中水银柱上升的高度将比 76cm 低,因为空气更为稀薄。而空气再稀薄下去便是"真空"。帕斯卡计划用实验来证实他的这些想法。1647 年,正好笛卡儿难得地来到巴黎并拜访了这位小天才,据说这是两人唯一的一次见面。笛卡儿同意帕斯卡的部分观点,却对验证真空存在的实验和研究不以为意。笛卡儿认为真空不存在,也不能用实验来验证,之后还向其他人嘲笑帕斯卡,说他"头脑中的真空太多了"。不过,在那次会面中,年轻的帕斯卡也不服输,更不畏惧笛卡儿的权威。他批驳了笛卡儿的某些哲学观念,并认为:"心灵有自己的思维方式,是理智所不能把握的。"

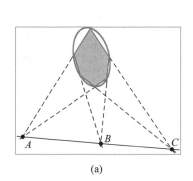

(a)

(b)

图 1-1-3　帕斯卡研究几何和物理

(a) 帕斯卡定理:A、B、C 共线;(b) 帕斯卡做气压实验

1648 年 9 月 19 日,帕斯卡的姐夫在多姆山上按照帕斯卡的设计进行了气压计实验,证明在山脚和山顶,气压计水银柱的高度相差一个不小的数目:3.15 英寸(约为 8cm)!帕斯卡自己则在巴黎的一个 52m 高的塔顶上重复了类似的实验,见图 1-1-3(b)。实验成功地证实了帕斯卡关于水银柱高度随着海拔高度的增加而减少的猜测,震动了科学界。后人为纪念帕斯卡的贡献,将气压的单位用"帕"(帕斯卡名字中的 Pa)来命名。

之后几年,帕斯卡又做了一系列物理实验,研究了液体压强的规律,不断取得新发现,并有多项重大发明。帕斯卡总结了这些实验,于 1654 年发表论文《论液体的平衡》,提出了著名的帕斯卡定律:密闭液体任一部分的压强,将大小不变地向液体的各个方向传递。如图 1-1-4(a)所示,左边是液面面积较小(面积为 A_1)的活塞,右边液面的面积(A_2)是左边的 10 倍($A_2 = 10A_1$)。如果在左边的活塞上施加一个不太大的力 F_1,因为压强 P 可以大小不变地通过液体从左边传递到右边（$P_1 = P_2$），就将在右边液面得到一个比 F_1 大 10 倍的升力（$F_2 = P_2 A_2 = 10F_1$）。这个如今看来十分简单的原理却成为液压起重机以及所有液压机械的工作基础。

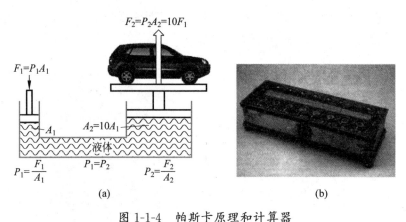

(a)　　　　　　　　　　　　　　　(b)

图 1-1-4　帕斯卡原理和计算器

(a) 帕斯卡原理应用到液压起重机；(b) 帕斯卡发明的机械计算器

　　说到重大发明，不可忽略帕斯卡设计的计算器，那是帕斯卡在未满 19 岁时为了减轻他父亲重复计算税务收支的一项发明。虽然它巨大、笨重、难以使用，且只能做加减法，却可以被列为最早的、首次确立计算机器概念的机械计算器之一，算是我们现在人手一件的电子计算器的老祖宗了（图 1-1-4(b)）。

　　也许是身体不好的原因，长期与病魔的斗争使得帕斯卡心力交瘁。也有人认为帕斯卡这颗非比寻常的敏感灵魂被当时病态的宗教所扭曲。总之，帕斯卡在生命的最后几年里，不再进行科学研究，而是将时间贡献给了神学和哲学，不过其间他也写出了被法国大文豪伏尔泰称为"法国第一部散文杰作"的《思想录》。在这部处处闪现思想火花的文集中，帕斯卡以浪漫简洁的方式、清明如水的文笔，探讨若干宗教和哲学问题。与笛卡儿提出理性计算的逻辑不同，帕斯卡提出心灵的逻辑："思想形成人的伟大"（出自《人是一根会思考的芦苇》）。可惜这本书尚未完成，39 岁的帕斯卡便溘然长逝，真正到天国寻找他的上帝去了。

　　帕斯卡对数学还有一个大的贡献：与费马一起开拓了概率论这个重要的数学分支。下面就谈谈概率论的诞生。

• 概率论的诞生

　　当时欧洲许多国家的贵族盛行赌博之风,赌博方式倒是特别简单:掷骰子或者抛硬币。不过,如此简单的赌具中却蕴藏着不一般的数学原理,因为其中涉及的游戏结果是与众不同的一类变量。比如抛硬币,硬币有正反两面,抛出的硬币落下后的结果不确定,可能是正面,也可能是反面。结果的正反是随机的、难以预料的,却按照一定的概率出现,因而被称为"随机变量"。现在,我们把研究随机变量及其概率的数学理论称为"概率论"。

　　话说当年的法国有一位叫德·梅雷的贵族,在掷骰子游戏之余,也思考一点相关的数学问题。他苦思不得其解时,便向以聪明著称的帕斯卡请教。1654年,他向帕斯卡请教了一个亲身经历的"分赌注问题"。故事大概如此:梅雷和赌友各自出 32 枚金币,共 64 枚金币作为赌注。掷骰子为赌博方式,如果结果出现"6",梅雷赢 1 分;如果结果出现"4",对方赢 1 分;谁先得到 10 分,谁就赢得全部赌注。赌博进行了一段时间后,梅雷已得了 8 分,对方也得了 7 分。但这时,梅雷接到紧急命令,要立即陪国王接见外宾,于是只好中断赌博。那么,问题就来了,这 64 枚金币的赌注应该如何分配才合理呢?

　　这个问题实际上在 15、16 世纪时就已经被提出过,被称为"点数分配问题",意思就是说,在一场赌博半途中断的情况下,应该如何分配赌注?人们提出各种方案,但未曾得到大家都认为合理的答案。

　　就上面梅雷和赌友的例子来说,将赌注原数退回显然不合理,没有考虑赌博中断时的输赢情况,相当于白赌了一场。将全部赌注归于当时的赢家也不公平,比如当时梅雷比对方多得 1 分,但他还差 2 分才能赢,而对方差 3 分,如果继续赌下去的话,对方也有赢的可能性。

　　帕斯卡对这个问题十分感兴趣。直观而言,上面所述的两种方案显然不合理,赌博中断时梅雷应该多得一些,但到底应该多得多少呢?也有人建议以当时两人比分的比例来计算:梅雷 8 分,对方 7 分,那么梅雷得全部赌注的 8/15,对方得 7/15。这种分法也有问题,比如说,如果甲乙双方只赌了一局就中断了,甲得 1 分,乙得 0 分。按照刚才的分法,甲拿走全部赌注,显然也是极不合理的分法。

帕斯卡从直觉意识到，中断赌博时赌注的分配比例，应该与当时的输赢状态以及双方约定的最终判据的差距有关。比如说，梅雷已经得了 8 分，距离 10 分的判据差 2 分；赌友得了 7 分，还差 3 分到 10 分。因此，帕斯卡认为需要研究从中断赌博那个"点"开始，如果继续赌博的各种可能性。为了尽快地解决这个问题，帕斯卡以通信的方式与住在法国南部的费马讨论[1]。费马不愧是研究纯数学的数论专家，很快列出了"梅雷问题"中赌博继续下去的各种结果。

梅雷原来的问题是掷骰子赌"6 点"或"4 点"的问题，但可以简化成抛硬币的问题：甲乙两人抛硬币，甲赌"正"，乙赌"反"，每次赢家得 1 分，各下赌注 10 元，先到达 10 分者获取所有赌注。如果赌博在"甲 8 分、乙 7 分"时中断，问应该如何分配这 20 元赌注。图 1-1-5(a)显示了费马的分析过程：从赌博的中断点出发，还需要抛 4 次硬币来决定甲乙最后的输赢。这 4 次随机抛掷产生 16 种等概率的可能结果。因为"甲赢"需要结果中出现 2 次"正"，"乙赢"需要结果中出现 3 次"反"，所以在 16 种结果中，有 11 种是"甲赢"，5 种是"乙赢"。换言之，如果赌博没有中断，而是从中断点的状态继续到底的话，可以算出甲赢的概率是 11/16，乙赢的概率是 5/16。赌博的中断使得双方失去了最后赢得全部赌注的机会，因此，按此比例来分配赌注应该是合理的方法。所以，根据费马的分析思路，甲应该得 20 元×11/16＝13.75 元，乙方则得剩余的 20 元×5/16＝6.25 元。

帕斯卡十分赞赏费马清晰的思路，费马的计算也验证了帕斯卡自己得到的结论，虽然他用的是与费马完全不一样的方法。帕斯卡在解决这个问题的过程中提出了离散随机变量的"期望值"的概念。期望值是用概率加权后得到的平均值。如图 1-1-5(b)所示，帕斯卡计算出甲方"期望"能得到的赌注为 13.75 元，与费马计算的结果一致。

"期望"是概率论中的重要概念，期望值是概率分布的重要特征之一，它常被用在与赌博相关的计算中。例如，美国赌场有一种轮盘赌。其轮盘上有 38 个数字，每一个数字被选中的概率都是 1/38。顾客将赌注（比如 1 美元）押在其中一个数字上，如果押中了，顾客得到 35 倍的奖金（35 美元），否则赌注就没了，即损失 1 美元。那么，如何计算顾客"赢"的期望值呢？

根据期望值的定义"概率加权求平均"进行计算，图 1-1-6 显示了计算结果：

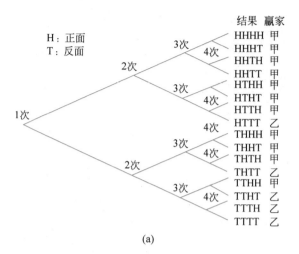

(a)

结果				概率	所得(甲)	概率加权所得
H	H			1/4	20	5
H	T	H		1/8	20	5/2
H	T	T	H	1/16	20	5/4
H	T	T	T	1/16	0	0
T	H	H		1/8	20	5/2
T	H	T	H	1/16	20	5/4
T	H	T	T	1/16	0	0
T	T	H	H	1/16	20	5/4
T	T	H	T	1/16	0	0
T	T	T		1/8	0	0

期望值(甲)55/4=13.75元

(b)

图 1-1-5　费马和帕斯卡对点数分配问题的思路

(a) 费马列出所有结果计算分配比例；(b) 帕斯卡引入期望值的概念计算所得(甲)

顾客赢钱的期望值是一个负数,约等于 -0.0526 美元。也就是说,对赌徒而言,平均每赌1美元就会输掉5美分,相当于赌场赢了5美分,所以赌场永远不会亏!

从研究掷骰子开始,帕斯卡不仅仅引入了"期望"的概念,还发现了"帕斯卡三角形"(即中国古书中所记载的"杨辉三角形")(图 1-1-7),虽然杨辉的发现早于帕斯卡好几百年,但是帕斯卡将此三角形与概率、期望、二项式定理、组合公式等联系在一起,与费马一起为现代概率理论奠定了基础,对数学做出了不凡的贡

变量 X	−1	35
概率 $P(X)$	37/38	1/38

$E(X)=-1\times(37/38)+35\times(1/38)\approx-0.05$
期望值

图 1-1-6　赌场轮盘对赌徒而言的期望值

献。1657 年，荷兰科学家惠更斯在帕斯卡和费马工作的基础上，写成了《论赌博中的计算》一书，被认为是关于概率论的最早系统论著。不过，人们仍然将概率论的诞生日，定为帕斯卡和费马开始通信的那一天——1654 年 7 月 29 日。

$$(a+b)^0=1$$
$$(a+b)^1=1a+1b$$
$$(a+b)^2=1a^2+2ab+1b^2$$
$$(a+b)^3=1a^3+3a^2b+3ab^2+1b^3$$
$$(a+b)^4=1a^4+4a^3b+6a^2b^2+4ab^3+1b^4$$
$$(a+b)^5=1a^5+5a^4b+10a^3b^2+10a^2b^3+5ab^4+1b^5$$

$$\Rightarrow$$

```
            1
          1   1
        1   2   1
      1   3   3   1
    1   4   6   4   1
  1   5  10  10   5   1
```

图 1-1-7　帕斯卡三角形

2. 似是而非的答案：概率论悖论

如今，"概率"一词在我们的生活中随处可见，被使用得越来越广泛和频繁，因为这是一个越来越多变的世界：一切都在变化，一切都难以确定。我们的世界可以说是由变量构成的，其中包括很多决定性变量。比如新闻说："北京时间 2016 年 11 月 3 日 20 时 43 分，长征五号运载火箭在海南文昌成功发射"，这里的时间、地点都是确定的决定性变量。然而，我们的生活中也有许多难以确定的随机变量，比如，明天雾霾的程度或某公司的股票值，等等，都是不确定的随机变量。随机变量不是用固定的数值来表达，而是用某个数值出现的概率来描述。正因为处处都有随机变量，所以处处都能听见"概率"一词。当你打开电视看天气预报，看今天会不会下雨时，气象预报员告诉你说：今天早上 8 点钟的"降水概率"是 90%；当你在手机上查询股市中某只股票的预期价格时，你得到的信息可能是这只股票 3 个月之后翻倍的概率是 67%；当你满怀期望地买了

50元钱的彩票,朋友却告诉你,你中奖的概率只有一亿分之一;当你手臂上长了一个"肉瘤",医生初步检查后安慰你,它是恶性瘤的概率只有 0.03% 而已……生活中"概率"这个词太常见了,以至于人们不细想也大概知道是什么意思。比如说,0.03% 的恶性概率的意思不就是说,"10 000 个这样的肉瘤中,只有 3 个才会是恶性的"吗?因此,在经典意义上,概率就可以被粗糙地定义为事件发生的频率,即发生次数与总次数的比值。更准确地说,是总次数趋于无限时,这个比值的极限。

虽然"概率"的定义不难懂,好像人人都会用,但你可能不知道,概率计算的结果经常违背我们的直觉,概率论中有许多难以解释、似是而非的悖论。不能完全相信直觉!我们的大脑会产生误区和盲点,就像开汽车的驾驶员视觉中有"盲点",需要多面镜子来克服一样,我们的思维过程中也有盲点,需要通过计算和思考来澄清。概率论是一个经常出现与直觉相悖的奇怪结论的领域,连数学家也是稍有不慎便会错得一塌糊涂。现在,我们就举例说明经典概率中的一个悖论,叫作"基本比率谬误(base rate fallacy)"。

我们从一个生活中的例子开始。王宏去医院做化验,检查他患上某种疾病的可能性。其结果居然为阳性,把他吓了一大跳,赶忙在网上查询。网上的资料说,检查总是有误差的,这种检查有"1% 的假阳性率和1% 的假阴性率"。这句话的意思是说,在患病的人中做检查,有 1% 的人是假阴性,99% 的人是真阳性。而在未患病的人中做检查,有 1% 的人是假阳性,99% 的人是真阴性。于是,王宏根据这种解释,估计他自己得了这种疾病的可能性(即概率)为 99%。王宏想:既然只有1% 的假阳性率,99% 都是真阳性,那我感染这种病的概率便应该是 99%。

可是,医生却告诉他,他在普通人群中被感染的概率只有 0.09(9%)左右。这是怎么回事呢?王宏的思路误区在哪里?

医生说:"99%?哪有那么大的感染概率啊。99% 是测试的准确性,不是你患病的概率。你忘了一件事,感染这种疾病的比例是不大的,1000 个人中只有一个人患病。"

原来这位医生在行医之余,也喜爱研究数学,经常将概率方法用于医学上。他的计算方法基本上是这样的:因为测试的误报率是 1%,1000 个人中有 10 个被报为"假阳性"，而根据这种病在人口中的比例（1/1000＝0.1％），真阳性只有1个，所以，大约11个测试为阳性的人中只有一个是真阳性（有病）的，因此，王宏被感染的概率大约是1/11，即0.09（9％）。

　　王宏思来想去仍感到糊涂，但这件事激发他去重温之前学过的概率论。经过反复阅读，再思考琢磨医生的算法之后，他明白自己犯了那种叫作"基本比率谬误"的错误，即忘记使用"这种病在人口中的基本比例（1/1000）"这个事实。

　　谈到基本比率谬误，我们最好是先从概率论中著名的贝叶斯定理[2]说起。托马斯·贝叶斯（Thomas Bayes，1702—1761）是英国统计学家，曾经是个牧师。贝叶斯定理是他对概率论和统计学做出的最大贡献，是当今人工智能中常用的机器学习的基础框架，其思想之深刻远超一般人所能认知，也许贝叶斯自己生前对此也认识不足。因为如此重要的成果，他生前却并未发表，是在他死后的1763年由朋友发表的。

　　粗略地说，贝叶斯定理涉及两个随机变量 A 和 B 的相互影响。如果用一句话来概括，这个定理说的是：利用 B 带来的新信息，应如何修改 B 不存在时 A 的"先验概率" $P(A)$，从而得到 B 存在时的"条件概率" $P(A|B)$，或称后验概率，如果写成公式（图 1-2-1）：

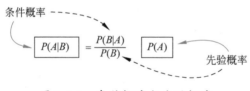

图 1-2-1　条件概率与失验概率

　　这里先验、后验的定义是一种约定俗成，是相对的。比如说也可以将 A、B 反过来叙述，即如何从 B 的先验概率 $P(B)$，得到 B 的"条件概率" $P(B|A)$，见图（1-2-1）中虚线所指。

　　不要害怕公式，通过例子，我们就能慢慢理解它。例如，对前面王宏看病的例子，随机变量 A 表示"王宏得某种病"；随机变量 B 表示"王宏的检查结果"。先验概率 $P(A)$ 指的是王宏在没有检查结果时得这种病的概率（即这种病在公众中的基本概率 0.1％）；而条件概率（或后验概率） $P(A|B)$ 指的是在王宏"检查结果为阳性"的条件下得这种病的概率（9％）。如何从基本概率修正到后验

概率？我们后面再解释。

贝叶斯定理是 18 世纪的产物,200 来年用得好好的,却不想在 20 世纪 70 年代遇到了挑战,该挑战来自丹尼尔·卡尼曼(Daniel Kahneman)和特维尔斯基(Tversky)提出的"基本比率谬误"。前者是以色列裔美国心理学家,2002 年诺贝尔经济学奖得主。基本比率谬误并不是否定贝叶斯定理,而是探讨一个使人困惑的问题:为什么人的直觉经常与贝叶斯公式的计算结果相违背?如同刚才的例子所示,人们在凭借直觉的时候经常会忽略基础概率。卡尼曼等人在他们的文章《思考,快与慢》中举了一个出租车的例子,来启发人们思考这个影响人们"决策"的原因。我们不想在这里深谈基本比率谬误对"决策理论"的意义,只是借用此例来加深对贝叶斯公式的理解。

假如某城市有两种颜色的出租车:蓝色和绿色(市场占有比例为 15∶85)。一辆出租车夜间肇事后逃逸,但还好当时有一位目击者,这位目击者认定肇事的出租车是蓝色的。但是,他"目击的可信度"如何呢?公安人员在相同环境下对该目击者进行"蓝绿"测试得到:80% 的情况下识别正确,20% 的情况下不正确。也许有读者立刻就得出了结论:肇事车是蓝色的概率应该是 80% 吧。如果你做此回答,便是犯了与上面例子中王宏同样的错误,忽略了先验概率,没有考虑在这个城市中"蓝绿"车的基本比例。

那么,肇事车是蓝色的(条件)概率到底应该是多少呢?贝叶斯公式能给出正确的答案。首先我们必须考虑蓝绿出租车的基本比例(15∶85)。也就是说,在没有目击者的情况下,肇事车是蓝色的概率只有 15%,这是"A = 蓝车肇事"的先验概率 $P(A) = 15\%$。现在,有了一位目击者,便改变了事件 A 出现的概率。目击者看到车是"蓝"色的。不过,他的目击能力也要打折扣,只有 80% 的准确率,即也是一个随机事件(记为 B)。我们的问题是求出在有该目击者"看到蓝车"的条件下肇事车"真正是蓝色"的概率,即条件概率 $P(A|B)$。后者应该大于先验概率 15%,因为目击者看到"蓝车"。如何修正先验概率?需要计算 $P(B|A)$ 和 $P(B)$。

因为 A = 蓝车肇事、B = 目击蓝色,所以 $P(B|A)$ 是在"蓝车肇事"的条件下"目击蓝色"的概率,即 $P(B|A) = 80\%$。最后还要算先验概率 $P(B)$,它的计算麻烦一点。$P(B)$ 指的是目击者看到一辆车为蓝色的概率,等于两种情况的概

率相加：一种是车为蓝色，辨认也正确；另一种是车为绿色，错看成蓝色。所以：

$$P(B) = 15\% \times 80\% + 85\% \times 20\% = 29\%$$

从贝叶斯公式：

$$\boxed{P(A|B)} = \frac{P(B|A)}{P(B)} \boxed{P(A)} = \frac{80\%}{29\%} \times 15\% = 41\%$$

可以算出在有目击者的情况下肇事车辆是蓝色的概率为41%，同时也可求得肇事车辆是绿色的概率为59%。被修正后的"肇事车辆为蓝色"的条件概率41%大于先验概率15%很多，但是仍然小于肇事车为绿色的概率59%。

回到对王宏测试某种病的例子，我们也不难得出正确的答案：

A：普通人群中的王宏感染某种病

B：阳性结果

$P(A)$：　　普通人群中王宏感染某种病的概率

$P(B|A)$：　阳性结果的正确率

$P(A|B)$：　有了阳性结果的条件下，王宏感染某种病的概率

$P(B)$：　　结果为阳性的总可能性＝检查阳性中的真阳性＋检查阴性中的真阳性

$$\boxed{P(A|B)} = \frac{P(B|A)}{P(B)} \boxed{P(A)}$$

$$= \frac{99\%}{99\% \times (1/1000) + 1\% \times (999/1000)} \times (1/1000)$$

$$= \frac{99}{1098} \approx 9\%$$

通过以上对概率论中的基本比率谬误的介绍，我们初步了解了概率论中十分重要的贝叶斯定理及其简单应用。

3. 几何概型和贝特朗悖论[3]

抛硬币、掷骰子之类游戏中涉及的概率是离散的，抛掷结果的数目有限（2或6）。或者用更数学一点的语言来说，此类随机事件的结果所构成的"样本空间"是离散的、有限的。如果硬币或骰子是对称的，每个结果发生的概率基本

相等。这一类随机事件被称为古典概型。数学家们将古典概型推广到某些几何问题中，使得随机变量的结果变成了连续的，数目无限多，这种随机事件被称为"几何概型"。古典概型向几何概型的推广，类似于从有限多个整数向"实数域"的推广。了解几何概型很重要，因为与之相关的"测度"概念（长度、面积等），是现代概率论的基础。

布丰投针问题，是第一个被研究的几何概型。

18 世纪的法国，有一位著名的博物学家乔治·布丰（George Buffon，1707—1788）伯爵。他研究不同地区相似环境中的各种生物族群，也研究过人和猿的相似之处，以及两者来自同一个祖先的可能性。他的研究对现代生态学影响深远，他的思想对达尔文创建进化论影响很大。

难得的是，布丰同时也是一位数学家，是最早将微积分引入概率论的人之一。他提出的布丰投针问题（图 1-3-1）是这样的：

用一根长度为 L 的针，随机地投向相隔为 D 的平行线（$L<D$），针压到线的概率是多少？

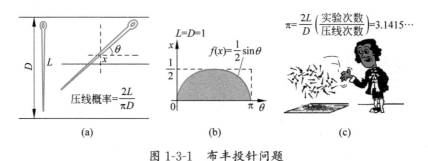

图 1-3-1　布丰投针问题

（a）数学模型；（b）概率简化为面积计算；（c）实验计算圆周率

在布丰投针问题中，求的也是概率，但这时投掷的不是硬币或骰子，而是一根针。硬币投下去只有"正""反"两种基本结果，每种概率为 1/2。骰子有 6 种结果，每一个面出现的概率为 1/6。我们现在分析一下布丰投针的结果。按照图 1-3-1（a）所示的数学模型，针投下之后的状态可以用两个随机变量来描述，针的中点的位置 x，以及针与水平方向所成的角度 θ。x 在 $-D/2$ 到 $D/2$ 之间变化，θ 在 0 到 2π 之间变化。因为 x 和 θ 的变化是连续的，所以其结果有无限多。古典概型中的求和在几何概型中要用积分代替，使用积分的方法不难求出布丰的针压线的概率：

$$P = 2L/(D\pi) \qquad (1\text{-}3\text{-}1)$$

因为布丰投针中的概率是对于 x 和 θ 的二重积分，所以概率的计算可以简化为如图 1-3-1(b)所示的几何图形的面积计算，即所求概率等于图 1-3-1(b)中阴影面积与矩形面积之比。

布丰投针的结果提供了一个用概率实验来确定圆周率 π 的方法(蒙特卡罗法)。从公式(1-3-1)可得

$$\pi = 2L/(DP) \qquad (1\text{-}3\text{-}2)$$

当投掷针的次数(样本数)足够大，得到的概率 P 足够精确时，便可以用公式(1-3-2)来计算 π。的确有些出乎意料，真没想到用一根针丢来丢去也能丢出一个数学常数来！

从上面的介绍可知，几何概型将古典概型中的离散随机变量扩展到了连续随机变量，求和变成积分，变量的样本空间从离散和有限扩展到无穷。几何概型和古典概型都使用"等概率假设"。然而，只要涉及无穷大，便经常会产生一些怪异的结果。布丰投针问题中条件清楚，没有引起什么悖论。著名的几何概型悖论是法国学者约瑟夫·贝特朗(Joseph Bertrand，1822—1900)于 1889 年提出的贝特朗悖论。

贝特朗提出的问题是：在圆内任作一弦，求其长度超过圆内接正三角形边长 L 的概率。奇怪之处在于，这个问题可以有 3 种不同的解答，结果完全不同但听起来却似乎都有道理。

求解贝特朗问题中的概率，不需要使用微积分，只需要利用几何图形的对称性便能得到答案。与计算布丰投针问题中概率的情况类似(图 1-3-1(b))，一般来说，可以将几何概率的计算变换成几何图形的计算，即计算弧长或线段的长度，或者是面积或体积。从下面计算贝特朗问题的 3 种不同方法，读者可以更为深入地理解这点。

方法 1：首先假设弦的一端固定在圆上某一点(比如 A)，如图 1-3-2(a)，弦的另一端在圆周上移动。移动端点落在弧 BC 上的弦，长度均超过圆内接正三角形的边长 L，而其余弦的长度都小于 L。由于对称性，BC 弧长占整个圆周的 $1/3$，所以可得弦长大于 L 的概率为 BC 弧长与圆周长之比，即 $P=1/3$。

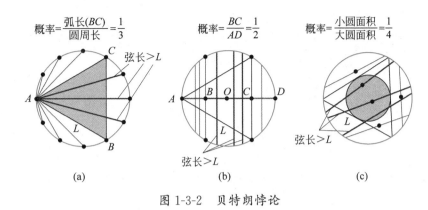

彩图 1-3-2

图 1-3-2　贝特朗悖论

(a) 方法 1；(b) 方法 2；(c) 方法 3

　　方法 2：首先选择圆的一个直径，比如图 1-3-2(b) 中的 AD。过该直径上的任意一点做直径的垂线，与圆相交形成弦。从图 1-3-2(b) 中可以看出：当直径上动点的位置在 B 和 C 之间时，所得弦的弦长大于正三角形的边长 L，动点位置在 BC 之外时弦长小于 L。因为线段 BC 的长度是整个直径的一半，所以弦长大于 L 的概率为 $P = 1/2$。

　　方法 3：如图 1-3-2(c) 所示，作一个半径只有所给圆（称为大圆）的半径 $1/2$ 的同心圆（称为小圆）。考虑大圆上任意弦的中点的位置可知：当中点位于小圆内部时，弦长符合大于 L 的要求。因为小圆的面积是大圆面积的 $1/4$，所以概率为 $P = 1/4$。

　　以上 3 种方法听起来都很有道理，却得出 3 种不同的结果，这是怎么回事呢？

　　按照传统解释，关键在于"随机"选择弦的方法。方法不同，"等概率假设"的应用区间也不一样。方法 1 假定端点在圆周上均匀分布（即等概率）；方法 2 假定弦的中点在直径上均匀分布；方法 3 则假定弦的中点在圆内均匀分布。图 1-3-3 给出了 3 种解法中弦的中点在圆内的分布情形。图 1-3-4 则是用 3 种方法直接画出弦，以比较弦在圆内的分布情形。也可以说，贝特朗悖论不是悖论，只是问题中没有明确规定随机选择的方法，方法一旦定好了，问题自然也就有了确定的答案。

　　概率论中的悖论很多，基于经验的直觉判断很多时候并不靠谱。下一节将

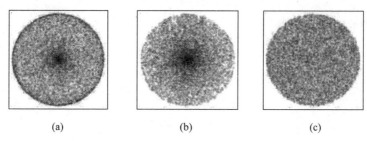

图 1-3-3　弦的中点在 3 种方法中的分布情况

（a）方法 1；（b）方法 2；（c）方法 3

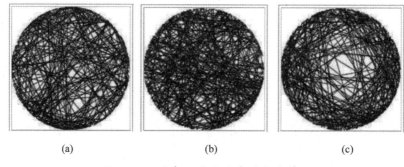

图 1-3-4　弦在 3 种方法中的分布情况

（a）方法 1；（b）方法 2；（c）方法 3

要介绍的本福特定律，也是一条初看起来有些奇怪、不符合直觉的定律，不过这条定律用处很大，有时候甚至还能帮助侦破"财务造假"。

4. 别相信直觉——概率论帮助侦破"财务造假"

• 本福特定律

法兰克·本福特（Frank Benford，1883—1948）本来是一名美国电气工程师，也是一名物理学家，在美国通用电气公司实验室里工作多年直到退休。他在 50 多岁的时候，迷上了一个与概率有关的课题。课题结论便是现在我们所说的"本福特定律"。事实上，最早发现本福特定律的人并不是本福特，而是美国天文学家西蒙·纽康（Simon Newcomb，1835—1909）。纽康于 1877 年成为美国航海天文历编制局局长,并组织同行们重新计算主要的天文常数。繁杂的天文计算经常需要用到对数表,但那个时代没有互联网,对数表只能被印成书本存于图书馆中。细心的纽康发现一个奇怪的现象:对数表中包含以 1 开头的数的那几页比其他页破烂得多,似乎表明计算所用的数值中,首位数是 1 的概率更高。因此他在 1881 年发表了一篇文章,提到并分析了这个现象[4],但没有引起人们的注意。直到 1938 年,本福特重新发现这个现象。说来令人奇怪,科学定律的发现有时候来自一些小得不能再小的现象,本福特的发现便是如此:以 1 开头的数字比较多,这也算是一个定律吗? 本福特发现这种现象不仅仅存在于对数表中,也存在于其他多种数据中。于是,本福特检查了大量数据并证实了这点[5]。

本福特定律是一个乍听起来有点奇怪并违反直觉的现象,我们先举一个例子说明它。

设想某银行有 1000 多个存储账户,金额不等。比如说,小张有存款 23 587 元、老李有 1345 元、小何有 35 670 元、刘红有 9000 元、王军有 450 元……奇怪的本福特定律对存款金额本身不感兴趣,而是对这些数值的第一位有效数字是什么感兴趣。有效数字指的是这个数的第一个非零数字,例如 8.1、81、0.81 的第一位有效数字都是 8,前述几个人存款数的第一位有效数字分别是 2、1、3、9、4。所以,本福特定律也叫"首位数字定律"。

一个数的第一位(非零)数字可能是 1 到 9 之间的任何一个。现在,如果问大家,在刚才那个银行的上千个存款数据中,第一位数字是 1 的概率是多少?

不需要经过很多思考,大部分人会很快地回答:应该是 1/9 吧。因为从 1 到 9,9 个数字排在第一位的概率是相等的,每一个数字出现的概率都是 1/9,为 11% 左右。

这个听起来十分正常的思维方法,却与许多自然得到的数据所遵循的规律不一样。人们发现,很多情况下,第一个数字是 1 的概率要比靠直觉预料的 11% 大得多。数字越大,出现在第一位的概率就越小,数字 9 出现于第一位的概率只有 4.6% 左右。各个数字出现在第一位的概率遵循如图 1-4-1(a)所示的概率分布。

本福特和纽康都从数据中总结出首位数字为 n 的概率公式(本福特定律):

彩图 1-4-1

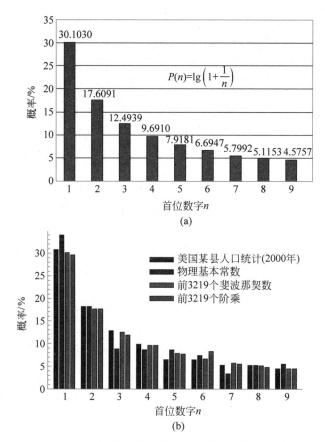

$$P(n)=\lg\left(1+\frac{1}{n}\right)$$

(a)

美国某县人口统计(2000年)
物理基本常数
前3219个斐波那契数
前3219个阶乘

(b)

图 1-4-1　本福特定律(首位数定律)及其应用实例

$$P(n)=\log_d(1+1/n)$$

其中 d 取决于数据使用的进位制。

对十进制数据而言，$d=10$，也写作 $P(n)=\lg(1+1/n)$。因此，根据本福特定律，首位数是 1 的概率最大，$\lg 2\approx 0.301$，十成中占了三成；首位数是 2 的概率 $\lg(3/2)\approx 0.1761$；然后逐次减小，首位数是 9 的概率最小，只约等于 4.6%。图 1-4-1(b)所示的是符合本福特首位数法则的几个例子：人口统计、物理基本常数、斐波那契数、阶乘。

本福特收集并研究了 20 229 个统计数据，分成 20 组，包括如河流面积、人口统计、分子及原子质量、物理常数等多种来源的资料。数据来源虽然千差万别,却基本上符合本福特的对数法则,见表 1-4-1 所示的数据表。表中的最后一行数值,是根据本福特的对数规则计算得到的每个数字出现于首位的概率,读者可以将它与真实数据相比较。

表 1-4-1　本福特从大量数据中得到的首位数字概率表　　　　　　%

统计项目	1	2	3	4	5	6	7	8	9	样本数
河流面积	31.0	16.4	10.7	11.3	7.2	8.6	5.5	4.2	5.1	335
人口	33.9	20.4	14.2	8.1	7.2	6.2	4.1	3.7	2.2	3259
常数	41.3	14.4	4.8	8.6	10.6	5.8	1.0	2.9	10.6	104
报纸	30.0	18.0	12.0	10.0	8.0	6.0	6.0	5.0	5.0	100
热量	24.0	18.4	16.2	14.6	10.6	4.1	3.2	4.8	4.1	1389
压强	29.6	18.3	12.8	9.8	8.3	6.4	5.7	4.4	4.7	703
损失	30.0	18.4	11.9	10.8	8.1	7.0	5.1	5.1	3.6	690
分子量	26.7	25.2	15.4	10.8	6.7	5.1	4.1	2.8	3.2	1800
下水道	27.1	23.9	13.8	12.6	8.2	5.0	5.0	2.5	1.9	159
原子量	47.2	18.7	5.5	4.4	6.6	4.4	3.3	4.4	5.5	91
$n-1,\sqrt{n}$	25.7	20.3	9.7	6.8	6.6	6.8	7.2	8.0	8.9	5000
设计	26.8	14.8	14.3	7.5	8.3	8.4	7.0	7.3	5.6	560
摘要	33.4	18.5	12.4	7.5	7.1	6.5	5.5	4.9	4.2	308
花费	32.4	18.8	10.1	10.1	9.8	5.5	4.7	5.5	3.1	741
X 射线	27.9	17.5	14.4	9.0	8.1	7.4	5.1	5.8	4.8	707
联盟	32.7	17.6	12.6	9.8	7.4	6.4	4.9	5.6	3.0	1458
黑体	31.0	17.3	14.1	8.7	6.6	7.0	5.2	4.7	5.4	1165
地址	28.9	19.2	12.6	8.8	8.5	6.4	5.6	5.0	5.0	342
$n,n^2,\cdots,n!$	25.3	16.0	12.0	10.0	8.5	8.8	6.8	7.1	5.5	900
死亡率	27.0	18.6	15.7	9.4	6.7	6.5	7.2	4.8	4.1	418
平均值	30.6	18.5	12.4	9.4	8.0	6.4	5.1	4.9	4.7	1011
本福特定律	30.1	17.6	12.5	9.7	7.9	6.7	5.8	5.1	4.6	

本福特定律适用范围异常广泛,自然界和日常生活中获得的大多数数据都符合这个定律。尽管如此,毕竟还是有其应用范围,主要是受限于如下几个因素:①这些数据必须跨度足够大,样本数量足够多,数值大小最好相差几个数量级;②人为规则的数据不满足本福特定律,比如说按照某种人为规则设计选定的电话号码、身份证号码、发票编号,以及彩票上的随机数据等,都不符合本福

特定律。

• 如何理解本福特定律

尽管本福特和纽康都总结出了首位数字的对数规律，但并未给出证明。直到 1995 年美国学者泰德·黑尔(Ted Hill)才从理论上对该定律做出解释，并进行了严谨的数学证明[6]。虽然本福特定律在许多方面都得到了验证和应用，但对于这种数字奇异现象人们依旧是迷惑不解。到底应该如何直观理解本福特定律。为什么大多数数据的首位数字不是均匀分布，而是对数分布的？

有人探求数"数"的方法，来直观地理解本福特定律。他们的意思是说，当你计算数字时，顺序总是从 1 开始，1,2,3,…,9,如果到 9 就终结的话，所有数起首的机会都相同，但 9 之后的两位数 10 至 19,以 1 起首的数则大大多于其他数字。之后，在 9 起首的数出现之前，必然会经过一堆以 2,3,4,…,8 起首的数。如果这样的数法有个终结点，然后又重新从 1 开始的话，以 1 起首的数的出现率一般都应该比较大。

可以用这种理解方法来解释街道号码(地址)一类的数据。一般来说，每条街道的号码都是从 1 算起，街道长度有限，号码排到某一个数就终止了。另一条街又有它自己的从 1 开始的号码排列，这样的话，1 开头的号码是要多一些的。但这种解释也太不"数学"了！况且，这种理解无法说明另一类数据为什么也符合本福特定律。比如，"物理常数"的集合、出生率、死亡率等，就不是从 1 开始计算到有限长度就截止的那种数据了。

另一种解释认为本福特定律的根源是由于数据的指数增长。指数增长的序列，数值小的时候增长较慢，由最初的数字 1 增长到另一个数字 2,需要更多时间，所以出现率就更高了。举个例子来深入说明这个道理，考虑你有 100 美元存到银行里，年利率是 10%。在 25 年中，你每年的存款金额将是(单位：美元，只保留了整数部分)：

100、110、121、133、146、161、177、195、214、236、259、285、314、345、380、418、459、505、556、612、673、740、814、895、985

这是一个指数增长的序列。在这组数据的 25 个数中，首位数字为 1 的有

8 个(32%)；2 的有 4 个；3 的有 3 个；…9 的只有 1 个(4%)。那是因为从首位为 1 增加到首位为 2，经过了更长的时间(8 年)；从首位为 2，只经过 4 年就变成了首位为 3；而首位为 9 的话，下一年就不是 9 了。所以，指数增长规律的数列的确符合本福特定律。

读者也许会有疑问：上面的数列选择从 100 开始，1 打头的比较多，如果从别的数字开始，规律是否会改变呢？我们可以试验一下，从别的数开始得到的数列，是否也一样符合本福特法则。比如说，将以上银行存款金额乘以 2 之后得到的序列：

200、220、242、266、292、322、354、390、428、472、518、570、628、690、760、836、918、1010、1112、1224、1346、1480、1628、1790、1970

以 1 开头的有 8 个，9 开头的只有 1 个，仍然是 1 开头的数目最多。或者，也可以将美元换算成人民币，会发现得到的数据仍然遵循本福特定律，这些事实说明本福特定律具有"尺度不变性"。

• 帮助侦破"数据造假"

不管如何诠释本福特定律，它都是一个客观存在，并且十分有用！大多数财务方面的数据，都满足本福特定律，因此它可以用来检查财务数据是否造假。

美国华盛顿州曾侦破过一个当时最大的投资诈骗案，金额高达 1 亿美元。诈骗主谋凯文·劳伦斯及其同伙，以创办高技术含量的连锁健身俱乐部为名，从 5000 多名投资者手中筹集了大量资金。然后，他们挪用公款来满足自身享乐，为自己买豪宅、豪华汽车、珠宝等。为了掩饰不法行为，他们将资金在海外公司和银行间进行频繁转账，并且人为做假账，给投资者造成生意兴隆的错觉。所幸有一位会计师感觉不对头，他将 7 万多个与支票和汇款有关的数据收集起来，将这些数据首位数字发生的概率与本福特定律相比较，发现这些数据通过不了本福特定律的检验。最后经过 3 年的司法调查，这个投资骗局终于被拆穿。2002 年，劳伦斯被判坐牢 20 年。

2001 年，美国最大的能源交易商安然公司宣布破产，并传出公司高层管理人员涉嫌做假账的消息。据说安然公司高层改动过财务数据，因而他们所公布的 2000—2001 年每股盈利数据不符合本福特定律（图 1-4-2）。此外，本福特定律也被用于股票市场分析、检验选举投票欺诈行为等。

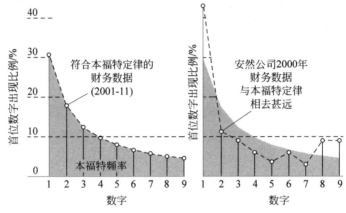

图 1-4-2　安然公司数据和本福特定律

（图片来源：华尔街日报[7]）

　　美国税务局也利用本福特定律来检验报税表，揪出逃税、漏税行为。据说有人曾经用此定律来检验美国前总统克林顿在任 10 年内的报税数据，不过没有发现破绽。

　　概率论由研究赌博问题而诞生，又在不断地提出和解决各种有趣的赌博问题中发展起来。下一节中将介绍大数定律以及更多与赌博有关的概率问题。

5. 赌徒谬误：赌博与大数定律

　　先讲一个赌场捞金的故事。

　　很多人都听说过概率或统计中的蒙特卡罗（Monte Carlo）方法，这其实就是利用大量数据在统计的基础上进行计算的方法。蒙特卡罗不是人名，是袖珍小国摩纳哥的著名赌场的名字。自从蒙特卡罗赌场于 1865 年开张后，摩纳哥便从一个穷乡僻壤的小国，一跃成为欧洲最富有的国家之一。至今已经过去了 150 多年，这个国家仍然以赌场和相关的旅游业为主。

　　曾经有一个名叫约瑟夫·贾格尔（Joseph Jaggers）的英国人，是约克郡一个棉花工厂的工程师。他在摆弄加工棉花的机器之余,经常光顾蒙特卡罗赌场,他对那种 38 个数字的轮盘游戏特别感兴趣(图 1-1-6)。贾格尔是位优秀的机械工程师,头脑中的想法比一般赌徒要多一点。他想:这个轮盘机器在理想的情况下,每个数字出现的概率都是 1/38。但是,机器怎么可能做到完美对称呢?任何缺陷都可能改变获奖号码的随机性,导致转盘停止的位置偏向某些数字,使这些数字将会更为频繁地出现。因此,赌徒应该可以利用这种偏向性来赚钱!于是,在 1873 年,贾格尔下决心要改变自己的命运。他带上所有的积蓄,前往蒙特卡罗赌场。他雇用了 6 个助手,每个助手把守一个轮盘机器。白天,赌场开放了,助手们用贾格尔供给他们的"赌币",让轮盘哗啦哗啦不停地转!不过,他们并不在乎输赢,他们的任务是记下所把守的轮盘机停止时的每一个数字。到了晚上,赌场关门后,贾格尔便在旅馆里独自分析这些数字的规律。6 天后,其中 5 个轮盘的数据没有发现有意义的偏离,但第 6 个轮盘为贾格尔带来了惊喜:38 个数字中有 9 个数出现的概率显然要比其余的要大!贾格尔兴奋不已,第七天他前往赌场,认定了那台有偏向性的轮盘机,大量投注这 9 个频率高的数字:7、8、9、17、18、19、22、28 和 29。依靠这种方法贾格尔当天就赚了 7 万。不过,贾格尔没高兴几天,事情便引起了管理人员的注意,经理们采取了各种方法来挫败贾格尔的策略。最后贾格尔无法赚更多的钱,便带着已经到手的巨款,离开了赌场,投资房地产去了。

　　赌场中确有极少数人像贾格尔那样偶然地赚了一笔,但更多的赌徒是十赌九输,一直到输光为止。其中的原因有两个:一方面是因为所有赌场游戏的概率设计本来就是以利于赌场为准,让赌场一方赢的概率为 51% 或 52%,玩家赢的概率为 49% 或 48%,如此设计赌场才能包赚不赔。另一方面,利用赌徒的心态也是赌博游戏设计者们的拿手好戏。赌徒谬误便是一种常见的、不符合概率规则的错误心态,经常被赌场利用。

● 赌徒谬误

　　赌徒谬误是将前后互相独立的随机事件当成有关联而产生的。怎样才算是独立的随机事件呢?比如说,抛硬币一次,是一个随机事件;再抛一次,是另一个随机事件。两个事件独立的意思是说,第二次的结果并不依赖于第一次的结果,互相没有关联。假设硬币是理想对称的,将出现"正面"记为1,"反面"记为0,那么每次结果为1或0的概率都是1/2。第二次"抛"和第一次"抛"互相独立,再多"抛"几次也一样,每次的"抛掷"事件互相独立,出现1或0的概率总是"1/2",都和第一次一样。即使硬币不对称,比如正反面出现的概率分别为"2/3"和"1/3",也并不会影响每次抛掷的"独立性",每次得到正面的概率都是2/3并不受上一次结果的影响。

道理虽然容易懂,但有时仍会犯糊涂。比如说,当你用"公平"硬币接连抛了5次1,到了第6次,你可能会认为这次1出现的概率非常小(<1/2),0出现的概率非常大(>1/2)。也有人是逆向思维,认为既然5次都是1,那么很可能继续是1(也被称为热手谬误)。实际上这两种想法,都是掉进了"赌徒谬误"的泥坑。也就是说,将独立事件想成了互相关联事件。事实上,一般来说,每次掷硬币的结果,并不影响下一次正反面出现的概率。硬币没有记忆,不会因为前面5次被抛下时都是正面在上,就会加大(或减小)反面朝上的概率。也就是说,无论过去抛出的结果如何,每一次都是第一次,正反面出现的概率都是1/2。

还有一个笑话:某人上飞机时身上带了个炸弹。问其原因,答曰:"飞机上有1个炸弹的概率是万分之一,同时有两人带炸弹的概率就是亿分之一,那么我自己带上一个,便将飞机上有炸弹的概率从万分之一降低到了亿分之一!"想必你看到这儿,一定会抿嘴一笑。是啊,能不笑吗?此人将"自己带炸弹"与"别人带炸弹"的独立事件视为相关,他非赌徒,但这也算是一种赌徒谬误。

当然,认为每次抛硬币是互不关联的独立事件,只是我们描述某些随机事件所使用的数学模型而已,而物理世界中的此类事件并不一定真正独立。比如说到生男生女的问题,也许有某种与激素有关的原因使得前后两胎的性别有所关联,也不是没有这种可能性。但是,如果有关联,则要明白是如何关联的,应该使用何种模型来描述这种关联。那是另一种类型的研究课题,而赌徒谬误指的则是将基本上没有关联的随机事件认为有关联,以此来考虑问题而产生的谬误。

赌徒有了"赌徒谬误"的心态,会输得更惨(图1-5-1)。比如说,赌场中著名的输后加倍下注系统便是利用赌徒谬误的例子。赌徒第一次下注1元,如输了则下注2元,再输则下注4元,以此类推,直到赢出为止。赌徒以为在连续输了

图 1-5-1　赌徒谬误

多次之后,下一次胜出的概率会非常大,所以愿意加倍又加倍地下注,殊不知其实每一次的概率是不变的,赌场的游戏机和通常抛掷的硬币一样,没有记忆,不会因为你输了就给你更多胜出的机会。赌徒或是因为不懂概率,或是因为人性的弱点,往往自觉或不自觉地陷入赌场设置的陷阱中。

　　赌徒谬误不仅见于赌徒,也经常反映在一般人的思维方式中。人们在预测未来时,往往倾向于把过去的历史作为判断的依据,也就是说,根据某事件曾经发生的频率来预言事件将要发生的可能性。中国人说"风水轮流转",这句话在很多时候反映了现实,但如果将这种习惯性的思维方法随意地应用到前后互相独立的随机事件上,便成为赌徒谬误。

　　即使明白地认识到"赌徒谬误"的错误,许多人仍然会犯糊涂。就数学原因而言,有几个容易混淆的概念,下面我们仍然用抛硬币实验来说明。

　　有人说:如果连续 4 次都是出现正面,接下来的第五次还是正面,就接连 5 次都是正面。而根据概率论,连抛 5 次正面的概率是 $1/2^5=1/32$,所以,第五次正面的机会只有 $1/32$,而不是 $1/2$。

　　以上论证是混淆了"在硬币第一次抛出之前,预测连续抛 5 次均为正面的概率"和"抛了 4 次正面之后,第五次为正面的概率",前者等于 $1/32$,后者却是 $1/2$。

　　前者指的是:在硬币第一次抛出之前,如果预测连续抛 5 次的各种可能性,共有 $2^5=32$ 种不同的排列情形,等效于从 00000 到 11111 的 32 个二进制数。每一种情形出现的概率均为 $1/32$。后者指的是:已经抛了 4 次均为正面,那么,前 4 次的结果已经固定了(1111),没有再选择的机会。剩下的第五次,可能是 1 或 0，即总结果只有两种：11111 或 11110，各占 1/2。

- 误用大数定律

赌徒谬误产生的另一个原因是对"大数定律"的误解。

首先要说说大数定律是什么[8]。如果要用一句通俗的话来概括，大数定律就是说：当随机事件发生的次数足够多时，发生的频率趋近于预期的概率。

对掷一枚对称的硬币而言，正面的预期概率是 1/2。当我们进行 n 次实验后，得到正面出现的次数 $n_正$，比值 $p_正 = n_正/n$ 叫作正面出现的频率，频率不一定等于概率（1/2）。但是，当 n 逐渐增大时，频率将会逐渐趋近于 1/2。掷骰子的情形也类似，掷 100 次，数目为 1 的面也许出现了 20 次，即出现 1 的频率是 1/5；如果掷了 10 000 次之后，1 出现了 1900 次，那么这时出现 1 的频率是 1900/10 000＝19%。如果这个骰子是六面对称的，出现 1 的频率会随着投掷次数的增加而趋近于 1/6，即预期的概率。也就是说，频率取决于多次实验后的结果，而概率是一个极限值。当实验次数增大，频率会趋近概率，这就是大数定律。

赌场赚钱的秘诀也在于大数定律。赌博机一般被设计为"51%：49%"的预期概率，赌场赢的概率有 51%。因此，赌场永远不会和你进行"一锤子买卖"的交易，他们只需要多多地、不停地招揽顾客，然后，随着赌博机咕噜咕噜地转动，硬币叮当叮当地落下，赌徒们往往以为自己会赚大钱，而老板们却心中暗喜，静等大数定律显示威力，他们则坐收渔翁之利。

提出并证明了大数定律最早形式的人是瑞士数学家雅各布·伯努利（Jakob Bernoulli，1654—1705），他是概率论的重要奠基人（图 1-5-2）。大数定律发表于他死后 8 年，即 1713 年才出版的《猜度术》中，这本巨著使概率论真正成为数学的一个分支，其中的大数定律与稍后的 A. 棣莫弗（A. de Moivre，1667—1754）和 P. S. 拉普拉斯（P. S. Laplace，1749—1827）导出的"中心极限定理"，是概率论中极其重要的两个极限定理。

有一个墨菲定律：凡事有可能会出错，就一定会出错！就是说，如果暂时没出错，也只是时间问题。大数定律体现了类似的意思：当试验次数足够多时，事件发生的频率终究会趋向于它的概率。次数 n 趋向于无穷，概率小的事件也会发生。换言之，一件事情，只要有发生的概率，那么随着重复次数变多，就一定会发生。

上面的说法基本上是略知大数定律的赌徒们的说法，这种说法理论上没错，错在对"多次重复"的理解。多少次试验才算"足够多"，才能达到大数定律适用的大样本区间呢？此问题的答案：理论上是无穷大，实际中难以定论。大多数情形是：还没到"足够多"，该赌徒便已经财力耗尽、赌注输光、两手空空了！

有人喜欢买彩票，并且在每次填写彩票时，要选择以往中奖号码中出现少的数字，还振振有词地说这样做的依据是大数定律：某个数字过去出现得少，以后就会多呀，为什么呢？"要满足大数定律啊！"可见对大数定律误解之深。

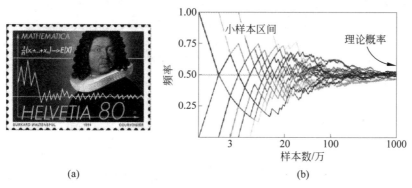

彩图 1-5-2

(a)　　　　　　　　　　(b)

图 1-5-2　雅各布·伯努利和大数定律

某些赌徒思维的误区，便是将大数定律应用于试验的小样本区间，将小样本中某事件的概率分布看成总体分布，以为少数样本与大样本区间具有同样的期望值，把短期频率当成长期概率，或把无限的情况当成有限的情况来分析。实际上，这是在错误应用大数定律时的心理偏差，因此被心理学家卡尼曼和特维尔斯基戏称为"小数法则"。事实上，任何一段有限次的试验得到的频率对于足够多次试验的频率几乎没有什么影响，大数定律说的是总频率趋近于概率值，如图 1-5-2（b）所示，小样本区间试验的结果并不影响最后趋近的概率。

发现大数定律的雅各布·伯努利所属的伯努利家族[9]，当年在欧洲赫赫有名，是世界颇负盛名的科学世家，出了好几个有名的科学家，影响学界上百年。雅各布和他的弟弟约翰·伯努利（Johann Bernoulli，1667—1748），都是那个时代著名的数学家。此外，学物理的人都知道流体力学中有一个著名的伯努利定律，说的是有关不可压缩流体沿着流线的移动行为，是由雅各布的侄子丹尼尔·伯努利(Daniel Bernoulli,1700—1782)提出的。

有意思的是，伯努利家族的这几个科学家相处得并不和谐，他们互相在科学成就上争名夺利、纠纷不断。尤为后人留下笑柄的是约翰·伯努利，他与比他大十几岁的哥哥雅各布之间进行过激烈的兄弟之争。事实上，雅各布还是约翰走进数学大门的启蒙老师。约翰进入巴塞尔大学时，雅各布已经是数学教授，但两人互相嫉妒、明争暗斗。不过，无论如何，伯努利兄弟的你争我斗实际上也推动了变分法、泛函分析、概率论等数学领域的发展。在哥哥雅各布去世后，弟弟约翰似乎过不了没有竞争对手的日子，他继而又把对雅各布的嫉妒心转移到了自己的天才儿子丹尼尔·伯努利的身上。据说他为了与儿子争夺一个奖项把丹尼尔赶出了家门，后来还把丹尼尔的成果据为己有。

• 圣彼得堡悖论

伯努利家族中的另一位，丹尼尔的堂兄尼古拉·伯努利(Nikolaus Bernoulli,1687—1759)，也是一名热衷研究赌博的数学家，他提出了著名的"圣彼得堡问题"。为了理解这个悖论，首先要从赌博游戏的期望值说起。

赌博的输赢与期望值有关，期望值是以概率为权重的、随机变量的平均值。赌博的方式不一样，"赢"的期望值也不一样。在第1章第一个故事中，曾经以38个数字的轮盘为例，计算过顾客赢钱的期望值。这里复习一下期望值的计算方法：仍然按照一般赌场的规矩，顾客将赌注押在其中一个数字上，如果押中，顾客得到35美元，否则损失1美元的赌注。顾客赢钱为正，损失为负，则顾客"赢钱"的期望值公式为

$$E(顾客赢钱数) = -输钱数 \times 输钱概率 + 赢钱数 \times 赢钱概率$$

第一项加上了一个负号，因为它表示的是顾客"输"掉的钱数。由此计算出上述假设条件下"顾客赢钱数"的期望值(元)：

$$E = (-1) \times \frac{37}{38} + 35 \times \frac{1}{38} = -\frac{1}{19}$$

"顾客赢钱数"的总期望值是负数，对赌徒不利。但设想有个笨一点的赌场老板，将上面规则中的35元改成38元，算出的期望值就会成为正数，这种策略

就对顾客有利了。如果将 35 元改成 37 元呢？这时候算出来的期望值为 0,意味着长远来说,赌徒和赌场打平了,双方不输不赢(不计开赌场的费用),称为"公平交易"。

因此,期望值往往被作为所谓的"理性赌徒"们决定"赌或不赌"的数学依据。

然而,根据这个数学依据做出的决策,有时候完全不符合人们从经验和直觉所作的判断。这是怎么回事呢？尼古拉·伯努利便以"圣彼得堡悖论"为例对此提出了质疑。

尼古拉设想了一种简单的游戏方案:顾客不需要每次下赌金,但得买一张价钱固定(m 元)的门票参加,游戏规则如下:

顾客只是不停地掷一枚公平硬币,掷出正面就停止,掷出反面就继续掷,直到掷出正面为止,见图 1-5-3(a)。如果游戏停止了,顾客就能得到奖金,奖金的数目与掷的次数有关。游戏持续得越久,奖金就越高。比如说,游戏停止时顾客掷了 n 次,那么顾客可得奖金数为 2^n 元。

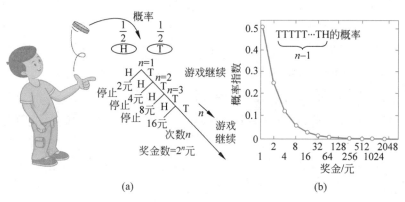

图 1-5-3　圣彼得堡问题

(a) 游戏过程在掷出正面时停止；(b) 奖金数指数增加,概率指数减小

叙述得更具体一点:如果第一次掷出正面,游戏停止,顾客只能得 2 元(2^1 元)；若掷出反面,就继续掷。若第二次掷出正面,顾客得 4 元(2^2 元),若掷出反面,又继续掷……依次类推,顾客若一直得到反面直到第 n 次才掷出正面,奖金数便是 2^n 元,奖金数随指数 n 的增大而增加。

现在,计算这个游戏中顾客"赢钱"的期望值,即每次期望赢得的钱,乘以概率后相加。然后,再将 m 元的门票作为负数放进去,得到的期望值是:

$$E = \frac{1}{2} \times 2 + \frac{1}{4} \times 4 + \frac{1}{8} \times 8 + \frac{1}{16} \times 16 + \cdots - m$$

$$= 1 + 1 + 1 + 1 + \cdots - m = \left(\sum_{k=1}^{\infty} 1\right) - m = \infty$$

从以上计算可见,无论门票 m 是多少(有限数),得到的期望值都是无穷大!上面的结论显得有些诡异,因为"期望值无穷大"意味着无论收多高的门票费,赌徒都会乐意参加这个游戏!但是这与事实太不符合了。如果你做一个民意调查便会发现,大部分人可能不愿意花多于 60 元去玩这个游戏,因为风险太大,要能够抛到 6 次以上,才能赢回门票钱,但人们凭经验知道,接连抛 6 次硬币的结果是(TTTTTH)的情况是非常少见的。

这就出现了矛盾。因此,尼古拉认为这是一个悖论。人们在做决策的时候,并不仅仅考虑数学期望的大小,更多的是在考虑风险。数学期望值不能完全描述风险。

为什么叫"圣彼得堡悖论"呢?因为这个悖论由尼古拉提出,却是被丹尼尔解决的。丹尼尔提出经济学中的效用理论来解释这个问题,论文发表在 1738 年圣彼得堡召开的一次学术会议上,所以得名为圣彼得堡悖论[10]。

另一个与赌博有关的著名问题是"赌徒输光问题",留待以后介绍。赌博虽然是一种恶习,但由它却引发了不少有趣的数学问题,促进了概率论的发展。圣彼得堡悖论的解决建立了"效用理论",推动了经济学的发展。概率论中除了大数定律,还有一个极其重要的"中心极限定理",有关中心极限定理及其应用,是我们下一节的内容。

6. 随处可见的钟形曲线：中心极限定理

上一节中,通过赌徒谬误介绍了概率论中的大数定律。大数定律说的是当随机事件重复多次时频率的稳定性,随着试验次数的增加,事件发生的频率逐渐稳定于某个常数,即试验得到的频率将趋近于预期的"概率"。对抛硬币试验而言,如果硬币是两面理想对称的,那么,抛过多次之后,正面(1)出现的频率将逼近 0.5；如果硬币不对称，正面（1）出现的频率则将逼近某一个极限值 p，即出现（1）的概率。

• 概率分布函数

大数定律决定试验多次后平均值的极限，但并未涉及事件频率（或者概率）的分布问题。随机变量取值概率形成的分布称为概率分布。概率分布函数在概率论中有其严格的定义，这里我们首先从通俗意义上理解一下"分布"。

比如说，统计 100 个 3 岁男孩的身高数据，结果如图 1-6-1(a) 左边的表格所示。我们可以将男孩的身高看作一个随机变量，这 100 个数据代表身高的 100 个样本值。这些样本值从 91cm 到 100cm 变化，表中没有给出每个样本的准确

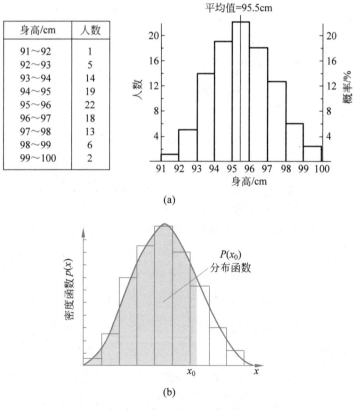

身高/cm	人数
91～92	1
92～93	5
93～94	14
94～95	19
95～96	22
96～97	18
97～98	13
98～99	6
99～100	2

(a)

(b)

图 1-6-1　概率分布函数和概率密度函数例子

（a）3 岁男孩身高的分布；（b）分布函数和密度函数

数值,只给出了每 1cm 范围内的样本数目(人数)。位于每一段身高范围内的人数可以转换成身高取值在该范围的概率,分别对应于 1-6-1(a)右图中的两个垂直坐标轴。由此数据可计算身高的平均值大约为 95.5cm。显而易见,平均值仅仅描述了这 100 个数据的部分特征,并不能说明这 100 个数据在每个值附近的分布情况。分布描述的是每一个数据段中的人数在总人数中所占的比例,也就是概率。比如,从 1-6-1(a)右图可知:男孩身高在 95~96cm 的概率是 22%,93~94cm 的概率是 14%,99~100cm 的概率是 2%……

图 1-6-1(a)右图所示图像的包络线是概率分布的密度函数 $p(x)$。另一个相关概念是概率分布函数 $P(x_0)$,指的是 $x<x_0$ 范围内事件发生的概率。概率分布函数和概率密度函数的区别见图 1-6-1(b)。

- 二项分布

回到抛硬币的例子,抛硬币的概率可以用二项分布描述。比如,我们将一枚均匀硬币抛 4 次,正反(1、0)出现的可能性有 16 种(可用从 0000 到 1111 的 16 个二进制数表示),大数定律中涉及的概率 $p=0.5$,指的是这 16 种情形的平均值。而所谓"分布函数",则是描述这 16 种可能性在概率图中分别所处的位置。从理论上说,这 16 种可能性中,1 出现 0、1、2、3、4 次的概率,分别是 1/16、4/16、6/16、4/16、1/16。图 1-6-2(a)显示的便是当试验次数 $n=4$ 时,1 的概率对不同"出现次数"的分布情形。

显而易见,抛硬币概率的分布图形随着抛掷次数 n 的变化而变化。抛硬币试验 n 次的概率分布就是二项分布。对于对称硬币来说,二项分布是一个取值对应于二项式系数的离散函数,也就是帕斯卡三角形中的第 n 行。当试验次数 n 增大,可能的排列数也随之增多,比如,当 $n=4$ 时对应于(1、4、6、4、1);当 $n=5$ 时,对应于帕斯卡三角形中的第五行(1、5、10、10、5、1)……然后再依次类推下去。图 1-6-2(b)中,画出了 $n=5$、20、50 的概率分布图。

图 1-6-2 所示是"概率"分布图,不是真实试验所得的"频率"分布图。中心极限定理说的不仅仅是当试验次数很大时"频率"逼近"概率"的问题,而更为重要的是:当 n 足够大时,二项分布逼近一个特别的理想分布:正态分布,也被称为高斯分布。因其曲线呈钟形,因此人们又经常称之为钟形曲线。

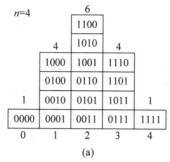

(a)

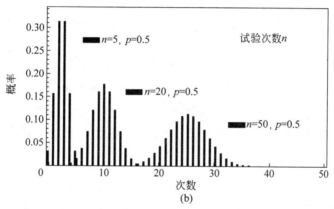

(b)

图 1-6-2　多次抛硬币得到正面的概率分布

(a) 正面的次数；(b) 二项分布

为了更为直观地理解大数定律和中心极限定理,在图 1-6-3 中,将抛硬币所得的结果用数值表示(正面＝1,反面＝－1)。如此赋值以后,大数定律指的是:抛硬币多次(n 趋近无限大)后,结果的平均值将趋近于 0,即正反面出现次数相等,其数值相加便互相抵消了。中心极限定理则除考虑平均值($=0$)之外,还考虑结果的分布情形:如图 1-6-3(b)所示,如果只抛 1 次,出现正面(1)和反面(-1)的概率相等,对应于公平硬币的等概率分布,平均值为 0。当抛掷次数 n 增加,平均值的极限值仍然保持为 0,但点数和的分布情形变化了。n 趋近无穷时,分布趋于正态分布,这是中心极限定理的内容。

二项分布不一定是对称的。之所以图 1-6-2 的图形对称,是因为所示是均匀硬币($p=0.5$)的概率分布。如果正面出现的概率 p 不等于 0.5,即不是理想的均匀硬币的话,得到正反两面的概率会不同,那么概率分布图便可能不对称。

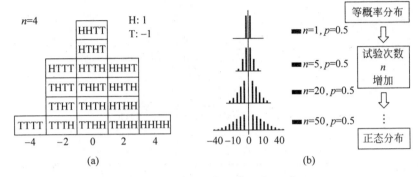

(a)   (b)

图 1-6-3   大数定律和中心极限定理

(a) 大数定律：平均值趋于 0；(b) 中心极限定理：趋于正态分布

图 1-6-4 显示的是从 $p=0.1$ 到 1 变化，$n=20$ 的概率分布图。

除了二项分布，还有许多其他类型的概率分布，如泊松分布、指数分布、几何分布等。此外，对连续型随机变量，概率分布函数的概念用概率密度函数的概念代替。

最常见的概率分布是正态分布。

正态分布最早是法国数学家棣莫弗在 1718 年发现的。他为解决朋友提出的一个赌博问题，而去认真研究了二项分布。他发现当试验次数增大时，二项分布（$p=0.5$）趋近于一个看起来呈钟形的曲线。从图 1-6-2（b）中 $n=50$ 的二项分布也能看出这点。因为二项分布中需要用到阶乘的计算，棣莫弗由此而首先发现了斯特灵公式（后被斯特灵证明），用于 n 很大时阶乘的近似计算很方便。棣莫弗进一步从理论上推导出了高斯分布的表达式。

大量的统计实验结果告诉我们：钟形曲线随处可见。我们的世界似乎被代表正态分布的"钟形"包围着，很多事物都是服从正态分布的：人的高度、雪花的尺寸、测量误差、灯泡的寿命、智商值、面包的重量、学生的考试分数，等等。19世纪的著名数学家庞加莱曾经说过："每个人都相信正态法则，实验家认为这是一个数学定理，数学家认为这是一个实验事实。"大自然造物的美妙深奥、鬼斧神工，往往使人难以理解。钟形分布曲线无处不在，这是为什么呢？其奥秘来自中心极限定理。

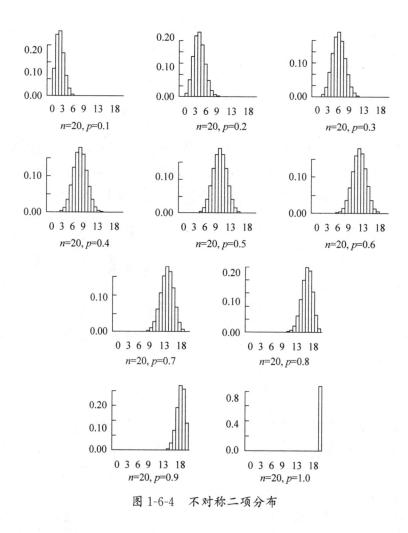

图 1-6-4　不对称二项分布

● 中心极限定理

如上所述,棣莫弗证明了 $p=0.5$ 时二项分布的极限为高斯分布。后来,法国著名数学家拉普拉斯对此作了更详细的研究,并证明了 p 不等于 0.5 时二项分布的极限也是高斯分布。之后,人们将此称为棣莫弗-拉普拉斯中心极限定理[11]。

再后来,中心极限定理的条件逐渐从二项分布推广到独立同分布随机序列,以及不是同分布的随机序列。因此,中心极限定理不只是一个定理,而是成为研究何种条件下独立随机变量之和的极限分布为正态分布的一系列命题的统称。

不得不承认中心极限定理的奇妙。在一定条件下，各种随意形状概率分布生成的随机变量，它们加在一起的总效应，是符合正态分布的。这点在统计学实验中特别有用，因为实际上的随机生物过程或物理过程，都不是只由一个单独的原因产生的，它们受到各种各样随机因素的影响。然而，中心极限定理告诉我们：无论引起过程的各种效应的基本分布是什么样的，当试验次数 n 充分大时，所有这些随机分量之和近似是一个正态分布的随机变量(图 1-6-5)。

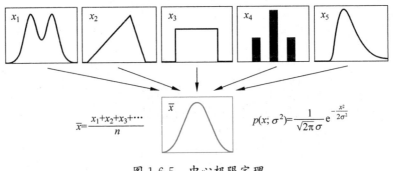

图 1-6-5　中心极限定理

在实际问题中，常常需要考虑许多随机因素所产生的总影响。例如，许多因素决定了人的身高：营养、遗传、环境、族裔、性别等，这些因素的综合效果，使得人的身高基本满足正态分布。另外，在物理实验中，免不了有误差，而误差形成的原因五花八门。如果能够分析清楚产生误差的所有原因，单一某种误差的分布曲线可能不是高斯的，但是把所有误差加在一起时，实验者通常会得到一个正态分布。

• 高尔顿钉板试验

弗朗西斯·高尔顿(Sir Francis Galton，1822—1911)是英国著名的统计学家、心理学家和遗传学家。他是达尔文的表弟，虽然不像达尔文那样声名显赫，但也不是无名之辈。并且，高尔顿幼年是神童，长大是才子，近九十年的人生丰富多彩，是个名副其实的博学家。他涉猎广泛，研究水平颇深，纵观科学史，在同辈学者中能望其项背之人寥寥可数。他涉足的领域不仅包括天文、地理、气象、机械、物理、统计、生物、遗传、医学、生理、心理，还有与社会有关的人类学、民族学、教育学、宗教，以及优生学、指纹学、照相术、登山术，等等。

在达尔文发表了《物种起源》之后，高尔顿也将研究方向转向生物及遗传学。他第一个对同卵双胞胎进行研究，论证了指纹的永久性和独特性。此外他从遗传的观点研究人类智力并提出"优生学"，是第一个强调把统计学方法应用到生物学中去的人。他还设计了一个钉板试验，希望从统计学的观点来解释遗传现象。

如图 1-6-6 中所示，木板上钉了数排（n 排）等距排列的钉子，下一排的每个钉子恰好在上一排两个相邻钉子之间；从入口处放入若干直径略小于钉子间距的小球，小球在下落的过程中碰到任何钉子后，或者以 1/2 的概率滚向左边，或者以 1/2 的概率滚向右边，碰到下一排钉子时又是这样。如此继续下去，直到滚到底板的格子里为止。试验表明，只要小球足够多，它们在底板堆成的形状将近似于正态分布。因此，高尔顿钉板试验直观地验证了中心极限定理。

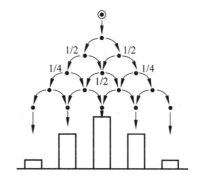

图 1-6-6　高尔顿钉板试验

• 中心极限定理的意义

中心极限定理似乎解释了处处是正态分布的原因，但仔细一想又不明白了：为什么大自然这个"上帝"要创造出来这么一个中心极限定理呢？科学之所以如此有趣，正是在于这种连续不断的"为什么"所激发出来的好奇心，一个又一个的追问和困惑吸引我们对世界万物进行永无止境的探索！

物理学中有一个最小作用量原理[12]，它无疑是大自然最迷人、最美妙的原理之一。它的简洁性和普适性令人震撼，就像歌德的诗句中所描述的："写这灵符的是何等神人？使我内心的沸腾化为安宁，寸心充满欢愉！它以玄妙的灵机，为我揭开自然的面纱！"大自然犹如一个经济学家，总是使得物理系统的作用量取极值。概率论中的中心极限定理，往往也带给人们类似的震撼和惊喜。事实上，中心极限定理也与一个极值"原理"有关，那便是我们在本书后面的章节中将介绍的"熵最大原理"。正态分布是在所有已知均值及方差的分布中，使得信息熵有最大值的分布。换言之，正态分布是在均值以及方差已知的各种分布中，被大自然选择出来的"特殊使者"，有其深奥的物理意义，充分表现出随机中的必然。就像光线选择时间最短的路径传播，引力场中的物体沿测地线运动一样，随机变量按照最优越的钟形曲线分布！

就数学理论而言，正态分布的确有不少优越性：①两个正态分布的乘积仍然是正态分布；②两个正态分布的和是正态分布；③正态分布的傅里叶变换仍然是正态分布。

我们还可以用与微积分中泰勒展开类比的方法，来理解大数定律和中心极限定理。在微积分中，将一个连续可导函数 $f(x)$ 在 a 的邻域泰勒展开为幂级数，可以近似计算函数的值：

$$f(x) = \sum_{n=0}^{\infty} \frac{f^{(n)}(a)}{n!}(x-a)^n = f(a) + f'(a)(x-a) + \cdots$$

这里，0 阶近似 $f(a)$ 是 $f(x)$ 在 a 处的值，1 阶修正中的 $f'(a)$ 是 $f(x)$ 在 a 处的一阶导数值……剩余的是高阶小量，一定的条件下可忽略不计。从上式可知，函数泰勒展开的 n 阶系数是函数的 n 阶导数除以 n 的阶乘，即 $f^{(n)}(a)/n!$。类似于此，我们可对随机变量 X 作形式上的展开：

$$X = nE(X) + \mathrm{sqrt}(n)\mathrm{std}(X)N(0,1) + \cdots$$

其中随机变量的期望值 $E(X)$ 对应于 $f(a)$，标准方差的平方根 $\mathrm{std}(X)$ 对应于一阶导数，正态分布 $N(0,1)$ 对应于 $(x-a)$，后面是可以忽略的高阶小量。此外，也可以用物理学中"矩"的概念来描述随机变量的各阶参数：期望值 μ 是一阶矩，方差 σ^2 是二阶矩。大数定律给出一阶矩，表示随机变量分布的中心；中心极限定理给出二阶矩（方差），表示分布对中心（期望值）的离散程度。如果进一步考虑高阶小量的话，三阶矩对应"偏度"，描述分布偏离对称的程度；四阶矩对应峰度，描述随机分布"峰态"的高低。正态分布的偏度和峰度皆为 0，因此,正态分布只需要两个参数 μ 和 σ 就完全决定了分布的性质,见图 1-6-7(b)。图 1-6-7(a)显示的是,无论总体分布是何种形状,根据中心极限定理,当抽样数 n 足够大时,其分布可用仅需两个简单参数的正态分布近似。这点给实际计算带来许多方便,再一次体现了中心极限定理的威力。

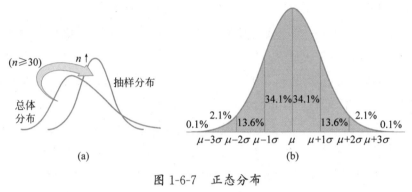

图 1-6-7　正态分布

(a)总体分布和抽样分布;(b)正态分布的两个参数 μ 和 σ

• 中心极限定理的应用

　　中心极限定理从理论上证明了,在一定的条件下,对于大量独立随机变量来说,只要每个随机变量在总和中所占比重很小,那么无论其中各个随机变量的分布函数是什么形状,也无论它们是已知还是未知,当独立随机变量的数目足够大时,它们的和的分布函数都可以用正态分布来近似。这就是为什么实际中遇到的随机变量,很多服从正态分布,这使得正态分布既成为统计理论的重要基础,又是实际应用的强大工具。中心极限定理和正态分布在概率论、数理统计、误差分析中占有极其重要的地位。

　　正态分布的应用非常广泛,下面举两个简单例子予以说明。

　　例 1:小王到某保险公司应聘,经理给他出了一道考题:如果让他设计一项人寿保险,假设客户的数目有 1 万左右,被保险人每年交 200 元保费,保险的赔偿金额为 5 万元,估计当地一年的死亡率(自然＋意外)为 0.25％左右,那么该如何计算公司的获利情况?

　　小王在经理面前紧张地估算了一下:从 1 万个客户得到的保费是 200 万

元,然后1万人乘以死亡率,可能有25人死亡,赔偿金额为25×5万元,等于125万元。所以,公司可能的收益应该是200万元减去125万元,等于75万元左右。经理面露满意的笑容,但又继续问:75万元只是一个大概可能的数目,如果要估算一下,比如说公司一年内从这个项目得到的总收益为50万~100万元的概率是多少,或者估计公司亏本的概率,该怎么算呢?

这下难倒了小王:要真正计算概率需要用到分布,这是什么分布啊? 小王脑袋里突然冒出大学统计课上学过的"中心极限定理"。1万个客户的数目应该足够大了,所以这道题目可以用正态分布来计算。然而,正态分布需要知道平均值和方差,又该如何计算它们呢? 小王心想,这种人寿保险的规则是,受保人死亡公司给赔偿,没死亡就不赔偿,是一个像抛硬币一样的"二项分布"问题,只不过这里死亡的概率比较小,不像抛公平硬币时正面或反面出现的概率各为50%。这个问题中保险公司赔偿的概率只是0.25%。但没关系,照样可以应用正态分布来近似,只要知道了期望和方差,概率便不难计算。小王回想起来正态分布的简单图像以及几个关键数值,于是,在纸上画了画,算了算(图1-6-8):在这个具体情况下,二项分布的平均值 $\mu=E(X)=np=10\,000\times0.25\%=25$,二项分布的方差 $\sigma^2=\mathrm{Var}(X)=np(1-p)\approx25$,由此可以得到 $\sigma\approx5$。

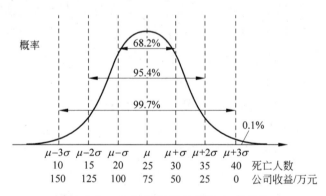

图1-6-8　正态分布用于估计人寿保险

然后,要计算公司赚50万~100万元的概率,从图1-6-8可知,也就是死亡人数在20~30的概率,刚好就是从 $\mu-\sigma$ 到 $\mu+\sigma$ 之间的面积,在68.2%左右。至于公司何种情况下会亏本,直观而言,如果死亡的人数多于40,公司便亏本了,概率到底是多少呢? 同样可用正态分布图进行估计,40和25之间相差 15,等于 3σ,因而死亡人数多于 40 的概率大约等于 0.1％,所以,保险公司亏本的概率非常小。

例 2:图 1-6-9(a)是美国 2010 年 1 547 990 个学术能力评估测试(SAT)成绩的原始数据分布图,其中有 1 313 812 个分数在 1850 分之下,有 74 165 个成绩是在 2050 分以上。由此我们可以算出:分数在 1850 分之下的比例是 84.9％,分数在 2050 分之上的比例是 4.8％。

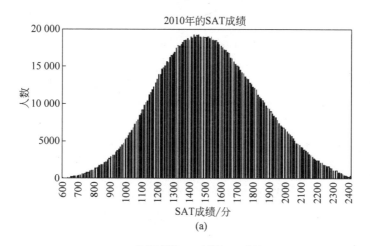

(a)

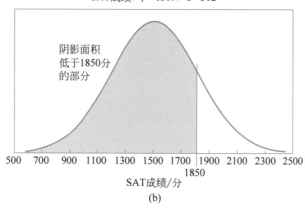

(b)

图 1-6-9　SAT 成绩

(a) SAT 成绩原始数据;(b) 正态分布求分数低于 1850 分的比例;(c) 正态分布求分数高于 2050 分的比例

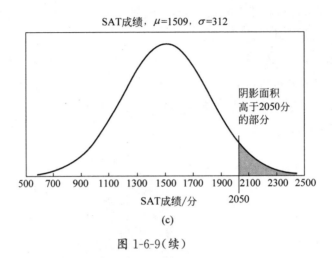

图 1-6-9（续）

此外，原始的结果可以用一个平均分数 $\mu=1509$，标准方差的平方根 $\sigma=312$ 的正态曲线来近似。因此，我们也可以从正态分布曲线来计算分数低于 1850 分及高于 2050 分的百分比，它们分别对应于图 1-6-9(b)和(c)中阴影部分的面积。根据高斯积分求出两个图中的阴影面积分别为 0.862 和 0.042。与原始数据的计算结果 0.849 和 0.048 对照，相差非常小。

第2章　趣谈贝叶斯学派

在前文曾经介绍过的托马斯·贝叶斯,是英国 18 世纪的一位数学家,却在当代科技界"红"了起来,原因在于以他命名的著名的贝叶斯定理。这个定理不仅促成了贝叶斯学派的发展,现在又被广泛应用于与人工智能密切相关的机器学习中。贝叶斯学派与经典概率学派的哲学思想大不相同,我们首先从一个有趣的古典概率问题谈起。

1. 三门问题

第 1 章中介绍了一个与几何概型有关的贝特朗悖论,贝特朗于 1889 年还提出了另一个贝特朗盒子"悖论",实际上不算是悖论,因为它没有逻辑矛盾。它是一个与博弈论相关的有趣的数学游戏:三门问题。

这个问题有好几个等效版本,最早一版可追溯到 19 世纪的贝特朗,该问题在数学本质上等同于马丁·加德纳在 1959 年提出的"三囚犯问题"[13]。不过这些老版本长时间都默默无闻,只是在 1990 年前后热了一阵子。它在公众中引起热烈讨论的原因要归功于美国一个从 20 世纪 80 年代一直延续至今的著名电视游戏节目《让我们做个交易吧》(*Let's Make a Deal*)。由此足以显现现代媒体在公众中普及科学知识的威力。当年的节目主持人蒙提·霍尔(Monty Hall)善于与参赛者打心理战,经常突如其来地变换游戏规则,让参赛者和观众都猝不及防,既使观众们困惑不已,又迫使参赛者"脑筋急转弯"(图 2-1-1),三门问题及各种变通版本便是他经常使用的法宝。后来有人便将此游戏以主持人的名字命名,称为蒙提·霍尔问题[14]。

在三扇关闭了的门后面,分别藏着汽车和两只山羊。如果参赛者选中了后

参赛者："我选3号门……" 主持人："要交换吗?"

图 2-1-1　三门问题

面有汽车的那扇门,便能赢得该汽车作为奖品。显而易见,这种情况下,参赛者赢得汽车的概率是 1/3。

不过,主持人有一次稍微将游戏规则改变了一点点。当参赛者选择了一扇门但尚未打开之际,知道门后情形的主持人说:"等等,我现在给你第二次机会。首先,我将打开你没有选择的两扇门中有山羊的一扇,你可以看到门内的山羊。然后,你有两种方案——改变你原来的选择(交换),或者保留原来的选择(不交换)。"

主持人的意思是说,在参赛者选择之后,他打开一扇有山羊的门,留下一扇未开之门,让参赛者决定要不要将原来的选择与剩下的未开之门"交换"。

要不要交换呢? 我们不从"碰运气"而是从"概率"的角度来思考这个问题。问题是:

如果不交换,保持原状的话,得汽车的概率是 1/3。如果交换的话,是否能增加抽到汽车的概率呢? 实际上,学界及公众对此问题争论颇久,我们仅叙述主流观点。

答案是"会"。转换选择(交换)可以增加参赛者的机会,如果参赛者同意"换门",那么他赢得汽车的概率会从 1/3 增加到 2/3。

让我们来分析一下整个游戏过程中,参赛者做出的不同选择会产生的各种具体情况,以及在这些情况下选择"交换"后的结果。

参赛者指定 3 扇门中的一扇,有 3 种可能的情况,每种选择的概率相等(1/3),见图 2-1-2 中的(a)、(b)、(c)。

(a) 参赛者挑选有汽车的第一扇门,主持挑两只羊的任何一只,开门。交换将失败。

（b）参赛者挑选有羊的第二扇门，主持人打开第三扇门。交换将赢得汽车。

（c）参赛者挑选有羊的第三扇门，主持人打开第二扇门。交换将赢得汽车。

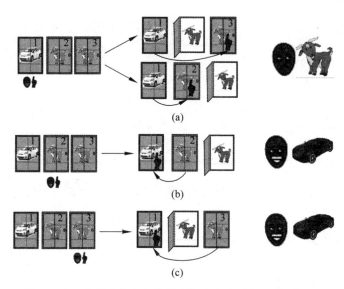

图 2-1-2　参赛者"同意转换"得到汽车的概率变成 2/3

在后两种情况，参赛者均可通过转换选择而赢得汽车，只有第一种情况将使得参赛者因转换选择而倒霉。参赛者的转换选择，使得三种情况中两种会赢、一种会输，所以选择"交换"，可将赢的概率增加到 2/3。

也可以换一种思维方式来理解这个问题。因为在 3 扇门中，有 2 扇门后是羊，1 扇门后是汽车，所以参赛者最初选到汽车的概率是 1/3，选到羊的概率是 2/3。如果参赛者先选中汽车，换后一定输；如果先选中山羊，换后一定赢。因此，选择"交换"而赢的概率，就是开始选择山羊的概率，为 2/3。

也许以上解释仍然有些使人困惑之处，但如果将门的数目增加到 10 扇门（主持人开启 8 扇有"山羊"的门，留下 1 扇）、100 扇门（主持人开启 98 扇有"山羊"的门，留下 1 扇），甚至 1000 扇门（主持人开启 998 扇有"山羊"的门，留下 1扇）。在这些情况下，主流观点认为参赛者选择"交换"使概率增加的结论便显而易见了。

例如，图 2-1-3 显示的是 10 扇门的情形。如果门的数目增加到 10，其中 9 扇门后是山羊，1 扇门后是汽车。参赛者开始选中 3 号门，但 3 号门后是汽车的概率只有 1/10。然后，主持人开启了 8 扇有山羊的门，剩下 2 号门以及参赛者选中的 3 号门，并问参赛者是否要"交换"？

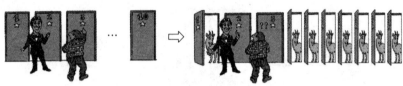

参赛者："我选3号门"，主持人："要换2号吗？"，参赛者："当然啰！"

图 2-1-3　十门问题

这次参赛者的头脑比较清醒：3 号门后是汽车的可能性是 1/10，似乎剩下的 9/10 的可能性都在 2 号门上，交换使得概率增大到 9 倍，当然要换！

2. 三门问题引发的思考：概率究竟是什么？

上面所述的三门问题虽然只是一个有趣的游戏节目，但学者们却从中探索了不少深刻的数学和哲学问题。概率论就是一门如此有趣的学问，许多问题看起来简单，每个人似乎都认为自己懂了，都能得到正确的解答，但后来却发现答案互不相同，各派人士纷纷发表自己的观点，却往往难以说服对方，引起一场又一场的辩论。

事实上，三门问题貌似简单，实际复杂。在上一节的最后，根据主流派的分析得到"当然要换"的结论，实际上有些不公平。早在 1975 年，加州大学伯克利分校的生物统计学教授史蒂夫·塞尔文在《美国统计学家》（*American Statistician*）期刊上发表论文提出了蒙提·霍尔问题，几十年来，对这个概率问题的结论有很多不同观点，而且争论不休。据说争论一直延续到现在，已经有好几十篇论文发表在 40 多种学术和公众刊物上，并时常在论文、书刊和电视上引发讨论。

其中最为引人注目的是 1990 年在《玛丽莲答问》（*Ask Marilyn*）专栏上的讨论，其专栏主持人玛丽莲·沃斯·莎凡特（Marilyn vos Savant）曾经被吉尼斯世界纪录认定为拥有最高智商的女性,因为玛丽莲在刚满 10 岁时初次接受了史丹福-比奈智力测验,测得智商高达 228。1985 年,39 岁的玛丽莲参加了成人标准差智力测验,48 题中,她回答正确 46 题,标准偏差值为 16,智商为 186。

玛丽莲从事文学创作,之后开辟了"*Ask Marilyn*"专栏,专门回复读者从数学到人生的各式各样的问题,蒙提·霍尔问题便是其中引起广泛争论但最后玛丽莲大获全胜的一个典型案例。

玛丽莲在专栏中解释了三门问题的一些含糊之处,过滤掉许多变种的版本,将其规范化为标准陈述,并以通俗易懂的方式证明了她坚持的结果:交换使赢得汽车的概率增加到 2/3。这也就是我们在前面一节中所叙述的方式和答案。

对此问题,主要反对一方的观点和结论如下:

不管有多少个门,不管主持人如何选择和打开这些门,按照标准的游戏规则,到最后一步,参赛者面临的都是两扇门中二选一的问题,两扇门中一扇后面是汽车,一扇后面是山羊。选择任何一个的概率都是 1/2,所以交换不交换,得到汽车的概率均为 1/2,所以换不换无所谓。

以上反驳方的观点听起来貌似有理,也符合绝大多数人的直觉。因此,当年的玛丽莲收到成千上万的读者来信,90% 以上都是反驳她的观点,其中不乏博士、数学家和学者,也包括该游戏的节目主持人蒙提·霍尔。有些来自数学和科学界的信中,不但反对她的答案,还嘲笑她的观点是出于女人的直觉,劝她修了概率课后再来谈这个问题。反驳者中最著名的人物恐怕要数匈牙利籍数学家保罗·埃尔德什(Paul Erdös,1913—1996),这是一位到现在为止最高产的数学家,发表论文数高达 1525 篇。

不过,高智商才女不是那么容易认输的。她借着这股讨论的热潮,在全国范围内的学校数学课里组织了一次统计实验。受到她的启发,又有几百个人以不同的方法,对三门问题用计算机做仿真实验,这些实验结果都支持她的结论:交换对参赛者更为有利! 理论毕竟需要实验的支持,在不得不令人信服的数据面前,当初坚决反对玛丽莲的保罗·埃尔德什也被说服了,玛丽莲获胜,一时间声名大振。

实际上,将这个问题换成如下说法,答案也许更容易被人接受(以十门为例）。

鲍勃拿出 10 个盒子，其中一个有钻戒。鲍勃知道有钻戒的盒子是哪一个，爱丽丝不知道。考虑如下两种情况：

（1）爱丽丝选了一个盒子放进她的包里，鲍勃将剩下的 9 个盒子放进自己的包里，然后问爱丽丝是否愿意互换包。

（2）鲍勃将 9 个盒子中没有钻戒的 8 个盒子丢进了垃圾箱，剩下 1 个留在包里，问爱丽丝是否愿意换包。

两种情况实际上是完全等效的，但给人的直觉却大不一样。第一种情况下，爱丽丝的包里只有 1 个盒子，鲍勃的包里有 9 个盒子，9：1，显然鲍勃的包里有钻戒的概率更大；第二种情况，两个包里的盒子数为 1：1，使人直觉上认为概率都是 1/2，换不换都一样了。

这个问题又一次告诉我们，不要轻易相信直觉，特别是对于概率问题。

对于公众而言，玛丽莲似乎解决了"三门问题"，她的结论被视为一种"标准答案"。但是，数学家们并未在此问题上止步，20 世纪 90 年代之后又有多篇学术论文研究这个问题。其中一个典型例子是 1991 年摩根等 4 位美国数学和统计学的教授在《美国统计学》上发表的论文[15]。他们用下面一节将介绍的贝叶斯推断来考查这个例子，说明了即使对于玛丽莲的标准问题，反对者的答案也不无道理，到底是哪一个答案对，还取决于主持人选择时的想法！直到 2011 年，还有论文在讨论这个问题[16]。

在此我们并不详细介绍在玛丽莲之后的各个论文的观点及结论，也避免简单地判定谁对谁错，仅在下面几节谈谈该游戏引发的重要思考之一：概率究竟是什么？

3. 频率学派和贝叶斯学派

从历史的角度看，概率起源于抛硬币、掷骰子之类的赌博游戏，因此，概率最早便被定义为多次试验中某随机事件出现的频率的极限，这也就是我们在本书的前面经常提到"频率"这个词的原因。这个词汇在概率论中使用时，与在物理中使用时的更广泛的含义有所不同，大多数情况下它仅仅特指这种与古典概率定义相关的"频率"。

将概率定义为事件重复后发生的频率的极限,这是古典概率观,是后来被称为"频率学派"的观点。然而,如此定义概率,只能代表我们使用这个名词的情况之一。有很多时候,概率无法用多次试验得到。比如说,人们可以估计某一天北京下雨的概率,但这是无法进行试验的;又比如,加利福尼亚州某年某月某日地震的概率,也无法多次重复验证。而如果谈到某个国家研制的导弹命中1000千米之外的目标的概率,在原则上是可以用重复试验来估计和证明的,但事实上不会这样做,因为花费太昂贵了。

从上面所举的几个实例可以看出,很多时候,概率一词所描述的并不是"对随机事件重复的频率",而更像是对某种"不确定性"的度量。

一个事件的概率值通常以一个 0 到 1 之间的实数表示,是对随机事件发生可能性的度量。不可能发生事件的概率值为 0,确定发生事件的概率值为 1。大多数实际事件的概率值都是 0 与 1 之间的某个数,这个数代表事件在"不可能"与"确定"之间的相对位置。事件的概率值越接近 1,事件发生的机会就越高。

由于对概率定义的差异及哲学上的分歧,另一种概率统计的派别逐渐兴起,即站在频率学派对立面的贝叶斯学派。两派之间的争论一直贯穿于概率及统计的发展历史中。

概率问题可以正向计算,也能反推回去。当年,贝叶斯研究过一个"白球黑球"的概率问题。例如,盒子里有 10 个球,分别为黑白两种颜色。如果我们知道 10 个球中有 5 个白球和 5 个黑球,那么,如果从中随机取出一个球,这个球是黑球的概率为多大? 问题不难回答,当然是 50%! 如果 10 个球中有 6 个白球和 4 个黑球呢? 取出 1 个球为黑球的概率应该是 40%。再考虑复杂一点的情形:如果 10 个球中有 2 个白球 8 个黑球,现在随机取 2 个球,那么得到 1 个黑球 1 个白球的概率是多少呢? 10 个球取出 2 个的可能性总数为 $10 \times 9 = 90$ 种,1 个黑球 1 个白球的情况有 16 种,所求概率为 16/90,约等于 17.8%。因此,只需进行一些简单的排列组合运算,我们就可以在 10 个球的各种分布情形下,计算取出 n 个球,其中 m 个是黑球的概率。这些都是正向计算的例子。

不过,当年的贝叶斯更感兴趣的是反过来的"逆概率问题":假设我们预先并不知道盒子里黑球与白球数目的比例，只知道总共是 10 个球，那么，如果随机地拿出 3 个球，发现是 2 个黑球 1 个白球，逆概率问题则是要通过这个试验样本（2 个黑球 1 个白球），猜测盒子里白球和黑球的比例。

也可以从最简单的抛硬币试验来说明"逆概率"问题。假设我们不知道硬币是不是两面公平的，也就是说，不了解这枚硬币的物理偏向性，这时候得到正面的概率 p 不一定等于 50%。那么，逆概率问题便是试图从某个（或数个）试验样本来猜测 p 的数值。

为了解决逆概率问题，贝叶斯在他的论文中提供了一种方法，即贝叶斯定理：

后验概率＝观测数据决定的调整因子×先验概率

上述公式的意义，指的是首先对未知概率有一个先验猜测，然后结合观测数据，修正先验，得到更为合理的后验概率。"先验"和"后验"是相对而言的，前一次算出的后验概率，可作为后一次的先验概率，然后再与新的观察数据相结合，得到新的后验概率。因此，运用贝叶斯公式可以对某种未知的不确定性逐次修正概率，并得到最终结果，即解决逆概率问题。

有关贝叶斯定理的论文，直到贝叶斯去世后的 1763 年，才由朋友代为发表。后来，拉普拉斯证明了贝叶斯定理的更普遍的版本，并将之用于天体力学和医学统计中。

也许贝叶斯当初对他自己这个定理的意义认识不足，恐怕也没有料到由此而启发人们以一种全新的思考方式来看待概率和统计，并进而发展成所谓的"贝叶斯学派"[17]。

前面介绍过的大数定律和中心极限定理，都是基于多次试验结果的经典概率观点，属于频率学派。由于历史的原因，概率及统计的教科书也基本上是以频率学派观点为主流观点而写成的。

频率学派和贝叶斯学派两大派别的争论焦点涉及"什么是概率？概率从何而来？"等本质问题。在历史上，贝叶斯统计长期受到排斥，被当时主流的数学家们拒绝。然而，随着科学的进步，贝叶斯统计在实际应用上取得的成功慢慢改变了人们的观点。贝叶斯统计逐渐受到人们的重视，人们认为它的思路更为符合科学研究的过程以及人脑的思维模式。目前贝叶斯概率已经成为一个热门研究课题，在机器学习以及量子力学的诠释等领域都有应用。

简单总结频率学派与贝叶斯学派的差异,可归结为对如下几个问题的答案:

(1) 什么是概率? 概率如何定义?

(2) 何谓主观概率、客观概率? 概率是主观的,还是客观的?

(3) 如何看待和使用模型参数? 使用条件概率,还是边缘概率?

(4) 不确定性范围的意义是什么? 使用置信区间,还是可信范围?

在上述问题中,前面两个涉及的多是两派观点的哲学层面,后面两个则与计算方法有关。因为看待世界的观点不一样,试图用以描述世界的计算方法也有所不同。在以下几节中,我们将通过一些具体例子来说明两个学派的异同点。

概率到底从何而来? 概率的物理本质是什么? 这些问题的答案,实际上取决于产生概率的物理系统的本质。

这里首先借助"十门问题"对概率本质进行粗浅的思考。问题中的物理系统包含 10 扇门,其中 1 扇门后有汽车,9 扇门后是山羊。在此系统中,"有汽车"这个事件的概率 P(有车),有其客观的物理意义:对那扇有车之门,其概率为 1,P(有车)= 1,其余 9 扇门的 P(有车)=0。但这个客观事实只有主持人知道,参赛者是不知道的,参赛者只能猜测这个概率。交换后的概率是多少? 上一节中介绍了两种答案:以玛丽莲为代表的主流观点认为交换后的概率是 9/10,而大多数人直觉认为交换后的概率仍然是 1/2。事实上,这两种观点所谓的概率,9/10 或 1/2,都只是他们的主观猜想,没有任何物理本体与这两个数值相对应。两种观点不过是反映了两种不同的主观猜测和推断方法。

两种方法都使用概率均分的假设。因此,他们第一次判定的结论是相同的:在 10 扇门中,每扇门后有车的概率:P(有车)均为 1/10。如此判定之后,两种推断方法产生了分歧:

(1) 以玛丽莲为代表的主流观点认为参赛者选中那扇门的概率不再改变,永远为 1/10,其余的为 9/10,在其他剩余门中均分。因此,后来,每当主持人打开 1 扇有山羊的门,其余门的概率发生变化但第一次选定门的概率不变。最后得到结论,如果交换的话,那么概率将从 1/10 增加到 9/10。

(2) 反对主流的观点认为选中那扇门的概率与其选中其他门的概率同样变化。因此,最后总是 2 选 1,概率为 1/2,即换不换无所谓,最后概率都是 1/2。

这两种推理过程中所说的"概率"（1/10、9/10、5/10 等），都是推理之人的主观概率，与物理客观事实：汽车所在的真实地点，没有什么关系。不过，尽管两种推理方法都是主观的，但数学家们的分析以及玛丽莲的实验结果说明，用第一种（主流）的推断方法来猜测和逼近"客观概率"更有优势。

蒙提·霍尔问题上的两种观点，并不等同于"频率学派"与"贝叶斯学派"这两派，但这个例子引发我们思考概率的本质，认识到概率既有客观性，也有主观性。这是频率学派与贝叶斯学派的重要分歧之一。

简单地说，频率学派与贝叶斯学派探讨"不确定性"的出发点与立足点不同。频率学派试图直接为产生"事件"的物理本质建立模型，比如频率学派主张不断地抛掷硬币，是想要从抛掷次数增大时正面朝上次数的变化，来得到反映硬币正反偏向性的某个物理参数 p。而贝叶斯学派认为，也许根本不存在这个固定的物理参数 p；反之，数据是比"物理本体"更为重要的真实存在，人们只能通过"观察者"得到的数据来进行猜测和推断。所以，他们想要为这个"猜想推断"过程中的数据变化建模，建模方法便是使用贝叶斯公式将模型参数不断更新。因此，就实用而言，贝叶斯学派也需要一定程度的反复试验，而频率学派也照样使用贝叶斯公式。但是，他们对使用这些方法达到何种目的的观点有差别，对物质世界的哲学观不同。

换言之，频率学派试图描述的是事物本体，而贝叶斯学派试图描述的是观察者知识状态在新的观测发生后如何更新，这是世界观的差异影响到方法上的差异。例如，对抛硬币过程而言，频率学派更为强调"多次试验"，贝叶斯学派则强调探索更新试验结果的方法。下面我们再从抛硬币的例子来看待两学派的差异。

简单而言，如果某个贝叶斯学者抛硬币，他首先会给出一个硬币正反均匀的先验概率（0.5），这是来自他的直观猜想。之后，比如说抛了 100 次，他发现：结果中居然只有 20 次是正面朝上！于是，这 100 次新的观测结果影响了他原有的信念，他开始怀疑这枚硬币究竟是不是均匀的。于是，利用贝叶斯公式，他用逻辑推断的方式更新了他对这枚硬币不确定性的知识，从 0.5 出发，得到一个新的猜想值。然而，对一个频率学派的学者而言，他不需要什么"先验猜想"，试验了 100 次，其中 20 次正面朝上，那么他认为正面出现的概率就可以近似为 20/100，即 0.2。

　　也就是说,从频率学派观点出发的观察者,研究抛硬币的策略很简单:多次试验,不停地抛,目的是要用试验得到的正面出现的频率来逼近概率 p,如图 2-3-1 所示。由图中曲线可见,试验描述的不是一个公平硬币,因为从多次试验的结果得到的极限,正面出现的概率是 0.6。

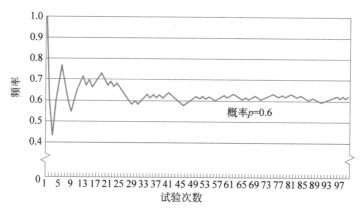

图 2-3-1　频率的极限是概率

　　频率学派给硬币这个物理实体建立了一个参数是 p 的简单模型,然后以多次试验来得到 p 的值。贝叶斯学派的模型不是针对硬币本体,而是针对观测者自己对硬币特征的"信任度"。比如说,有命题 A:"这是一个公平硬币",观测者对此命题的信任度用 $P(A)$ 表示。如果 $P(A)=1$,则表示观测者坚信这个硬币是"正反"公平的;而 $P(A)$ 越小,则观测者对硬币公平的信任度越低;如果 $P(A)=0$,说明观测者坚信这个硬币不公平,比如说,可能两面都是"正面",是一个忽悠人的"正正"硬币。为了叙述方便起见,用 B 表示命题"这是一个正正硬币",并且忽略其他可能性,因此 $P(B)=1-P(A)$。

　　下面我们看看贝叶斯学派的观测者如何根据贝叶斯公式来更新他的"信任度"模型 $P(A)$。

　　首先,他有一个"先验信任度",比如 $P(A)=0.9$,0.9 接近 1,说明他比较偏向于相信这个硬币是公平的。然后,抛硬币 1 次,得到"正"(用 H 表示)。他根据贝叶斯公式,将 $P(A)$ 更新为 $P(A|H)$:

$$P(H \mid A)P(A)=0.5 \times 0.9=0.45$$

$$P(H \mid \overline{A})P(\overline{A})=1.0 \times 0.1=0.1$$

$$P(A \mid H) = \frac{P(H \mid A)P(A)}{P(H \mid A)P(A) + P(H \mid \bar{A})P(\bar{A})} = \frac{0.45}{0.45 + 0.1} \approx 0.82$$

更新后的后验概率为 $P(A \mid H) = 0.82$，然后再抛一次又得到正面（H），两次正面后的更新值是 $P(A \mid HH) = 0.69$，3 次正面后的更新值是 $P(A \mid HHH) = 0.53$。如此抛下去，如果 4 次连续都得到正面，新的更新值是 $P(A \mid HHHH) = 0.36$。这时候，这位观测者对这枚硬币是公平硬币的信任度降低了很多，从信任度降到 0.5 开始，他就已经怀疑这个硬币的公平性了，连续 4 个正面后，他更偏向于认为该硬币很可能是一枚两面都是正面的假币！

因此，贝叶斯理论认为，虽然有时候概率确实能够通过大量重复试验获取的频率测得，但这并非频率的本质。概率的概念应该被扩展为对一个命题信任的程度，因而，人们针对频率学派认定的"客观概率"，提出了主观概率的概念。

4. 主观和客观

有趣的是，还有人用玩麻将游戏为例来比喻频率学派和贝叶斯学派。如果你在游戏中，只考虑下面未翻开的牌中还剩下些什么，并且根据计算这些牌下次出现的概率来作决定的话，那你就属于频率学派。而贝叶斯学派打麻将时的考虑要复杂一点：不仅仅要记住下面有什么牌，还得看游戏的过程中谁打了些什么牌，什么时候打的。因为除桌子上剩下未翻开的牌之外，其他人手中的牌也是未知的，对于这些未知的情况只能猜测。并且，每个人打牌的方式不完全相同，这是人的主观性。每个人手上的牌也不是固定的，随着游戏的进展，根据场上的情况会变化。因此，摸到某张牌的概率不固定，在不断地变化，需要根据场上情况的变化，不断地更新有关"牌局"的知识而做出决断。大多数麻将高手可能正是这么做的。便有人开玩笑说：麻将高手们都属于贝叶斯学派！

以上的说法也表明，贝叶斯学派的思考方法更为自然，更符合人们大脑的思维方式。贝叶斯推断是通过新得到的证据不断地更新信念，一旦信念被更新，就能根据更新的知识做出可信的判断。但贝叶斯主义学派很少做出绝对性的判断，总会保留一定的不确定性，生活中的实际情况也是如此。无论从打麻将还是玩扑克牌的游戏中,大家都能体会到,不确定的因素太多了,这些不确定来自"牌"混合之后的客观分布,也来自所有游戏参与者主观的思考、方法和判断,并不是一个仅仅靠逻辑推理就能决定输赢的过程。

简单地说,频率学派重视"客观"情况,贝叶斯学派更重视"主观"因素。主观、客观的观念属于哲学范畴,主观是指与人有关的意识、思想、认识等,客观是指人的意识之外的物质世界或认识对象。主观和客观的关系问题,是认识论中的基本问题。

将概率表述为对事件发生的信心,事实上是对概率最自然的解释。频率学派认为概率是事件在长时间内发生的频率。对许多事件来说,这样解释概率是符合逻辑的,但对某些没有长期频率的事件来说,这样解释是难以理解的。贝叶斯学派把概率解释成对事件发生的担心,是观点的概述。在某些情况下,频率学派和贝叶斯学派所谈的概率是一致的。比如说,一个人对飞机事故发生的担心应该等同于他了解到的飞机事故的频率。但有时候则不一样,比如贝叶斯概率的定义可以适用于总统选举这样的情况,你认为某个竞选者能够当选的概率,取决于你对该候选人获胜的信心。

英国数学家及哲学家弗兰克·拉姆齐(Frank Ramsey,1903—1930)在他1926 年的论文中,首次建议将主观置信度作为概率的一种解释,他认为这种解释可以作为频率学派客观解释的一个补充或代替(图 2-4-1)。

贝叶斯　　　　　拉姆齐

图 2-4-1　贝叶斯和拉姆齐

概率有时候是主观的,比如以赛马为例,大多数观众并不具备对马匹和骑师等因素的全面知识,而只是凭主观因素对赛马结果下赌注。他们认可的某个马匹的获胜概率反映的是他们的个人信念,不一定符合客观事实,因而是主观概率。

科学有别于哲学，尽管物理世界是客观存在的，但解决问题的科学方法是人为的，难免掺进主观的因素。不管是自觉或不自觉的，明显或隐含的，还是属于哪个派别，主观性都在所难免。作为数学的应用，必须具体问题具体分析，哪一种方法有效便使用哪一种。主观还是客观的说法，只不过是凌驾于科学之上的"哲人"们对理论的不同诠释，对解决具体问题无济于事。

正是因为频率学派强调概率的客观性，一般才用随机事件发生的频率的极限来描述概率；贝叶斯学派则将对不确定性的主观置信度作为概率的一种解释，并认为：根据新的信息，可以通过贝叶斯公式不断地导出或者更新现有的置信度。

既然许多决策问题的概率不能通过随机试验去确定，那就只能由决策人根据他们自己对事件的了解去设定。这样设定的概率反映了决策人对事件掌握的知识所建立起来的信念，称为主观概率，以区别于通过随机试验所确定的客观概率。概率的客观性指的是它独立于任何使用者，仅由物理参数而决定的个性。

有趣的是，每个人都可以给某个事件赋予概率值，因此主观概率不是唯一的，而是因人而异的。这点也与现实吻合，反映了不同的人对同一事件拥有的信息不同、思维方式不同，因而对该事件是否发生的信任度也不同。但这些不同一般不能仅仅用非黑即白的简单"对错"来描述，这也是物理世界的现实。

然而，有人由此而责难主观概率学派，认为不符合唯物主义，远离了科学研究的宗旨。概率应该是对客观世界本质属性的一种描述，应该独立于主观意识而存在，怎么会是主观的且因人而异呢？事实上，承认主观概率，并不代表唯心主义，而是更为准确地描述人们在科学活动中的实验和更新理论的思维过程。

仍以抛硬币为例。如果大家对抛掷的硬币都一无所知，每个人都会首先假定这是一个公平硬币，都会猜测正面出现的概率是 0.5。不过，一个偶然的机会，小王瞄了一眼硬币从高处落下时在空中翻滚的情形。奇怪的景象令他印象深刻：他看到的似乎全是正面，好像这枚硬币两面都是头像，没有反面。所以，小王对该硬币抛掷结果为正面的可信度很高，怀疑这枚硬币被人做了手脚，因此他做出了一个正面出现的概率是 0.9 的先验猜测。这是他的主观概率,并不能说明硬币是否为公平硬币的事实,也不能改变硬币抛下来是正还是反的结果,与硬币的客观物理性质是无关的。

这时候,抛硬币的结果出来了:是反面!这个结果颠覆了小王原有的认知,因为它不是一个双正面的硬币!于是,小王根据贝叶斯公式,修正了他有些"荒谬"的先验猜测,得到一个更为合理的后验概率。这正是我们大脑的思维方式,正如英国著名的经济学家约翰·凯恩斯(John Keynes,1883—1946)的名言:"当事实改变,我的观念也跟着改变,你呢?"随着证据而更新信念,这丝毫不违背科学精神,正是科学精神的体现。

也许有读者提问了:按照你的说法,贝叶斯学派好像不错,那么频率学派的模型是错误的吗?

不是。频率学派的方法仍然非常有用,在很多领域可能是最好的办法。再者,如果一切都只从贝叶斯的观点出发,很多理论分析会陷入困境。比如大数定律和中心极限定理,这两个概率论的基本原理,都是基于频率学派多次试验的基础上。

那么,概率到底是客观的还是主观的呢? 这便涉及"概率本质"的哲学问题,以下几个例子可以启发读者思考在各种情况下对不同概率类型的不同理解:

(1) 抛硬币或掷骰子试验中某一面出现的概率是由其物理属性决定的,具有明确的"客观"意义,可以通过多次试验的方法来逼近;

(2) 地震研究者预测某地区某月是否发生 6 级地震的概率,除该地区的客观地质情况之外,还有与该研究者有关的许多"主观"因素,难以进行多次试验,但可以参考许多年的历史记录;

(3) 警察于某月某日某处抓到某罪犯的概率,只是依靠主观臆测,不可能重复试验。

两学派的争论由来已久,各有其信仰、内在逻辑、解释力和局限性,尽管世界观不同,但在实用上仍然可以把两个派别的方法结合起来,如果仅就科学研究的意义,两个学派的统计学家基本上都承认大数定律和中心极限定理,也都使用贝叶斯公式。只是两派使用这些定理的方式和场合不完全一样,两个派别从两种不同的哲学观来诠释各种统计模型。

物理理论中的量子力学，也有与概率有关的不同诠释，因为量子理论描述的是微观粒子的运动规律，不可避免地与概率和统计的理论交织纠缠在一起。事实上，贝叶斯的推断方法，也在量子理论中找到了用武之地，这就是下一节中将介绍的量子贝叶斯模型。

5. 拿什么拯救你，量子力学

著名理论物理学家史蒂文·温伯格（Steven Weinberg）于 2017 年 1 月 19 日为纽约书评写了一篇文章[18]，表达了他对量子物理未来前景的困惑和担忧，其中对量子论概率解释的一段话引人深思。

此段话的意思大致可以做如下解读：

概率融入物理学，使物理学家困扰，但是量子力学的真正困难并非概率，而是这概率从何而来。描述量子力学波函数演化的薛定谔方程是确定性的波动方程，本身并不涉及概率，甚至不会出现经典力学中对初始条件极为敏感的"混沌"现象（笔者注：这是因为薛定谔方程是线性偏微分方程，混沌是非线性的特征）。那么，量子力学中反映不确定性的概率究竟是怎么来的呢？

• 量子力学的困惑

正如温伯格所述，物理学家们一直被量子力学中的种种诡异现象所困扰，并且在哲学理解的层面上难以达成共识。那么，是不是说量子力学就是错误的呢？当然不是，至少不能完全、绝对地如此下结论。相反地，量子力学被认为是自然科学史上被实验证明最精确的理论之一，它是我们理解原子、原子核、电磁性、半导体、超导，以及天文学中观测到的白矮星、中子星的结构等理论的基础。以其为基础所发展的量子电动力学，对于某些原子性质的理论预测，与实验结果的差别很小，达到 $1/10^8$。

量子力学就是这么一个奇怪的理论，在如今的高科技产品中随处可见其应用，可谓已经取得了巨大的成就，但却又争议不断、众说纷纭。物理学家们对量子理论的分歧不在于计算结果，而在于不同的诠释。从玻尔和爱因斯坦的著名论战开始[19]，到如今已经快有百年时间，顶尖的物理学家仍然争论不休。但是，只要我们遵循美国康奈尔大学物理学家戴维·默明（David Mermin）所说："闭上你的嘴，用心做计算吧！"那便万事大吉，无论哪派的物理学家，都能学会程式化地使用抽象而复杂的数学方法，对各种微观系统进行研究和计算，并给出准确度惊人的结果。

温伯格的疑问表面看起来是从数学角度出发的问题：方程不涉及概率，为何最后的结果被解释成了概率？事实上，从物理的角度看也是如此，概率的入侵搅浑了量子力学，搅浑了物理学家们的科学思维方式。

概率是什么？概率可定义为对事物不确定性的描述。但在经典物理学框架中，不确定性来自我们掌握的知识的缺乏，是由于我们掌握的信息不够，或者是没有必要知道那么多。比如说，向上抛出一枚硬币，再用手接住时，硬币的朝向似乎是随机的，可能朝上，也可能朝下。但按照经典力学的观点，这种随机性是因为硬币运动不易控制，从而使我们不了解（或者不想了解）硬币从手中飞出去时的详细状态。如果我们对硬币飞出时每个点的受力情况知道得一清二楚，然后求解宏观力学方程，就完全可以预知它掉下来时的方向了。换言之，经典物理学认为，在不确定性的背后，隐藏着一些尚未发现的"隐变量"，一旦找出了它们，便能避免任何随机性。或者说，隐变量是经典物理中概率的来源。

然而，量子论中的不确定性不一样，量子力学中的不确定性是否也来自隐藏在更深层次的某些隐变量呢？这正是当年爱因斯坦说"上帝不会掷骰子"的意思。爱因斯坦不是不懂概率，而是不接受当年以玻尔为代表的"哥本哈根学派"对量子力学的概率解释，以及测量时"波函数塌缩"到经典结果的"量子—经典"的边界图景。之后（1935 年），爱因斯坦针对他最不能理解的量子纠缠现象，与两位同行共同提出著名的爱因斯坦-波多尔斯-罗森（Einstein-Podolsky-Rosen，EPR）佯谬[20]，试图对哥本哈根诠释做出挑战，希望能找出量子系统中暗藏的"隐变量"。

爱因斯坦质疑量子力学主要有三个方面问题：确定性、实在性、局域性。这三者都与上面所说的"概率的来源"有关。如今，爱因斯坦的 EPR 文章已经发表了 80 余年，特别在约翰·斯图尔特·贝尔（John Stewart Bell，1928—1990）提出贝尔定理后，爱因斯坦的 EPR 悖论有了明确的实验检测方法。然而，令人遗憾的是,许多次实验的结果并没有站在爱因斯坦一边,并不支持当年德布罗意-玻姆理论假设的"隐变量"观点。反之,实验的结论一次又一次地证实了量子力学计算结果的正确性。

温伯格在 2017 年 1 月的这篇文章中提出的质疑,仍然是量子理论的诠释问题,不是计算问题。但他对现有理论的未来担忧,质疑量子力学中"测量的本质"。温伯格认为对量子力学有两类主要的诠释:与"多世界"对应的"现实主义"诠释,以及与哥本哈根表述一脉相承的"工具主义"诠释。两者都不能令人满意,或许有必要对量子力学的概念进行大修正。

• 哥本哈根诠释及困扰

这里简单解释一下量子力学主流学派的观点:以玻尔和海森伯为代表的哥本哈根诠释。

首先以电子双缝实验为例,回顾一下量子力学中的"诡异"现象——量子悖论。在双缝实验中,电子被一个一个地发射到"双缝"附近(像发射子弹一样)。从经典观点来看,一个电子不可分,并且电子之间不会互相干涉。但是,实验结果却表明,电子束在后面的屏幕上产生了干涉条纹。因此,这是一种量子效应,表明电子和光一样,既是粒子又是波,兼有粒子和波动的双重特性——波粒二象性。

德布罗意引入"物质波"的概念,认为所有物质都有波粒二象性,子弹(经典粒子)射到双缝上,观察不到干涉条纹,是因为子弹的质量太大,波长太小,而微观的电子便能观察到干涉现象。薛定谔(Schrödinger,1887—1961)导出的方程的解则更进一步赋予了微观粒子(或量子系统)一个对应的"波函数"。

电子双缝实验中出现的干涉条纹已经够奇怪了,而更为诡异的行为表现在对电子的行为进行"测量"之时!

为了探索电子双缝实验中的干涉是如何发生的,物理学家在双缝实验的两个狭缝口放上两个粒子探测器,试图测量每个电子到底走了哪条缝,如何形成了干涉条纹。然而,诡异的事情发生了:一旦想要用任何方法观察电子到底是通过了哪条狭缝,干涉条纹便立即消失了,波粒二象性似乎不见了,实验给出了与经典子弹实验一样的结果!

　　诸如此类的奇特量子现象已经被无数次的实验所证实。然而,如何从理论上来解释此类量子悖论呢? 这便出现了各种诠释,我们看看哥本哈根派是怎么说的。

　　哥本哈根派认为,微观世界的电子通常处于一种不确定的、经典物理不能描述的叠加态:既是此,又是彼。比如说,被测量之前的电子到达狭缝时,处于某种(位置的)叠加态:既在狭缝位置 A,又在狭缝位置 B。之后,"每个电子同时穿过两条狭缝!",便产生了干涉现象。

　　但是一旦在中途对电子进行测量,量子系统便发生"波函数坍塌",原来表示叠加态不确定性的波函数坍缩到一个固定的本征态。就是说:波函数坍塌改变了量子系统,使其不再是原来的量子系统。量子叠加态一经测量,就按照一定的概率规则回到经典世界。这里所说的"概率规则"名为"玻恩法则",量子系统坍塌到某本征值的概率与波函数的平方有关。

　　以上诠释实质上的物理意义等同于公众皆知的"薛定谔的猫":打开盖子前,猫是既死又活,只有揭开盖子后观测,猫的死活状态才能确定。

　　这种解释带来很多问题(别的诠释又有别的问题),哥本哈根诠释直接使人困惑的一点是:如何理解测量的本质? 谁才能测量? 只有"人"才能测量吗? 测量和未测量的界限在哪里?

　　物理学家约翰·惠勒(John Wheeler,1911—2008)引用玻尔的话说:"任何一种基本量子现象只在其被记录之后才是一种现象",这段绕口令式的话导致人们如此质问哥本哈根诠释:难道月亮只有在我们回头望的时候才存在吗?

　　此外,因为波函数坍塌是在同一时刻发生在所有地方,所以对于量子纠缠中的两个粒子,导致了爱因斯坦的"幽灵般超距作用"的困惑。总而言之,看起来,对量子力学的诠释违反了确定性、实在性和局域性。经典物理学始终认为物理学的研究对象是独立于"观测手段"存在的客观世界,而量子力学中的测量却将观测者的主观因素掺和到客观世界中,两者似乎无法分割。

· 量子贝叶斯模型

　　21 世纪初,有 3 位学者(美国的凯夫斯、富克斯及英国的沙克)发表了一篇题为《作为贝叶斯概率的量子概率》的短论文[21],探索一种量子力学的新诠释。

三个人都是经验丰富的量子信息理论专家，他们将量子理论与贝叶斯学派的概率观点结合起来，建立了"量子贝叶斯模型"（Quantum Bayesianism），或简称为"量贝模型"（QBism）。

贝叶斯学派的主观概率思想与量子力学的哥本哈根诠释在某些方面有异曲同工之妙。更早期，美国物理学家埃德温·杰恩斯（Edwin Jaynes，1922—1998）率先推动使用贝叶斯概率来研究统计物理和量子力学，由此激发几个量子信息学家们之后构建了量贝模型。

量贝模型与哥本哈根诠释有关系，但又有所不同。哥本哈根诠释认为波函数是客观存在，人为的"测量"干扰破坏了这个客观存在，使得原来的量子叠加态产生了"波函数坍塌"，从而造成悖论。量贝模型则认为波函数并非客观存在，只是观察者所使用的数学工具。波函数不存在，也就没有什么"量子叠加态"，如此便能避免诠释产生的悖论。

根据量子贝叶斯模型，概率的发生不是物质内在结构决定的，而是与观察者对量子系统不确定性的置信度有关。实际上，当年的玻尔曾经认为波函数是数学抽象而非真实存在，如今的量贝模型为玻尔的观点提供了数学支持。他们将与概率有关的波函数定义为某种主观信念，观察者得到新的信息之后，可根据贝叶斯定理的数学法则得到后验概率，从而不断地修正观察者本人的主观信念。

尽管波函数被认为是主观的，但量贝模型并不是否认一切真实性的虚无主义理论。这个理论的支持者说，量子系统本身仍然是独立于观察者的客观存在。每个观察者都使用不同的测量技术，修正他们的主观概率，对量子世界做出判定。在观察者测量的过程中，真实的量子系统并不会发生奇怪的变化，变化的只是观察者选定的波函数。对同样的量子系统，不同观察者可能得出全然不同的结论。观察者彼此交流，修正各自的波函数来解释新获得的知识，于是就逐步对该量子系统有了更全面的认识。

根据量贝模型，盒子里的"薛定谔猫"并没有处于什么"既死又活"的恐怖状态。但盒子外的观察者对里面的"猫态"的信息不够，不足以准确确定它的"死活"，便主观想象它处于一种死活并存的叠加态，并使用波函数的数学工具来描述和更新观察者自己的这种主观信念（图 2-5-1）。

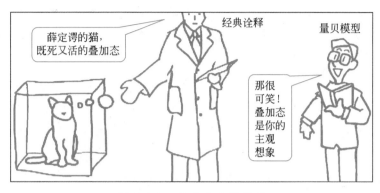

图 2-5-1　量子贝叶斯模型

举一个通俗例子来说明此类主观臆想的"叠加态"。在 2016 年的美国总统大选中,特朗普和希拉里都有"胜败"的可能性,但结果难以预测。对特朗普的某位支持者而言,不知道特朗普最后到底是"胜"还是"败"之前,只能凭着他个人的主观臆测来估计特朗普"胜败"概率(比如 52%：48%),就好像是类似于认为特朗普是处于某种"胜败"并存的叠加态中。这种叠加态的概率分配是这个人的主观臆测,其他人可能会有不同概率分配的主观叠加态。

量贝模型创建者之一的富克斯,为量贝模型数学基础做出了一个重大发现,他证明了计算概率的玻恩法则几乎可以用概率论彻底重写,而不需要引入波函数。因此,也许只用概率就可以预测量子力学的实验结果了。富克斯希望,玻恩法则的新表达能够成为重新解释量子力学的关键。由此想法开始,支持者们正在努力,试图用概率论来重新构建量子力学的标准理论。目前这个目标尚未达成,结论如何,还需拭目以待。但无论如何,量贝模型为量子力学的诠释提供了一种新的视角[22]。

6. 贝叶斯台球问题

事实上,频率学派和贝叶斯学派最大的差别,是在于对物理世界建模时使用的参数的认知。频率学派认为模型的参数是固定的,真实而客观存在的。他们的方法,是使用最大似然(maximum likelihood)以及置信区间(confidence interval),以便找出参数的真实值。而贝叶斯学派恰恰相反,他们不关心参数的所谓"真实值"，关心的是参数的每一个值的可能性，即参数的概率分布。贝叶斯学派将参数看作随机变量，每个值都有可能是真实模型使用的值，区别只是概率不同而已。

下面介绍一个爱丽丝和鲍勃在台球桌上玩的"贝叶斯台球游戏"，他们的朋友查理为裁判。这个游戏的确是由贝叶斯提出来的，但这里所述的是一种现代版本[23-24]，以此为例来说明两大学派对参数的不同认知以及处理方法。

游戏规则比较简单，比赛开始之前，查理将一个球投到桌子上，球停止在一个完全随机的位置，作为爱丽丝和鲍勃"领土范围"分界线的标记，见图 2-6-1。然后，查理随机地将另一个球滚到桌子上。如果球停止在爱丽丝的领地那一侧，则爱丽丝赢得 1 分；如果球停止在另一侧，鲍勃赢 1 分。爱丽丝和鲍勃看不到台球桌上的详细情况，只知道每次谁得了分，以及自己和对方的总分是多少。实际上，在游戏中爱丽丝和鲍勃什么也不干，一切都由查理安排和投球。最后，第一个获得 6 分的人取胜。

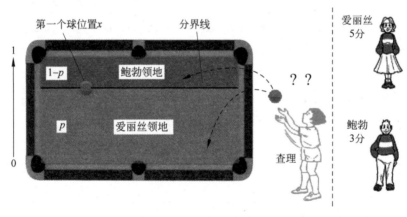

图 2-6-1　贝叶斯台球问题

想象一下，如果投球进行了 8 次之后，爱丽丝已经赢得了 5 分，鲍勃赢得了 3 分，那么爱丽丝只要再得 1 分就可以获胜了，而鲍勃还差 3 分，必须连赢 3 次才能取得胜利。形势显然对鲍勃不利，这时候应该如何计算鲍勃最后获胜的概率呢？

假设查理投出的球最后停止在台球桌上任何一点的概率都是相同的。那么显然，爱丽丝赢 1 分的可能性正比于她的领地的面积（或图 2-6-1 中相应矩形的宽度),鲍勃也一样。每次投球后,爱丽丝赢(即鲍勃输)的概率为 p,等于她的领地占整个台球面的比例。也就是说,p 是由第一个球的位置决定的,我们用 p 来代表这个概率模型的参数。

这个问题被抽象之后似乎与抛硬币有点类似,也是一个 p 值决定的二项分布问题,但为什么这次不用抛硬币或掷骰子呢? 因为它和硬币骰子的情况有所不同。这里的概率 p 是变化的,并且是连续变化的。而一枚硬币的正面概率 p,是一个由铸造条件固定了的物理参数,不会变化。

贝叶斯台球问题中的 p 是连续变化冗余参数的例子,对这个问题的研究使我们看到频率学派和贝叶斯学派处理这类问题之间的异同。

根据频率学派的观点,参数是固定的,爱丽丝和鲍勃的领地分界标记在每场比赛中只在比赛前设置一次,所以 p 是一个固定参数。频率学派的目的,是根据游戏在某一步得到的数据,求出或估计这个参数,并由此再得到问题的答案。

比赛进行了 8 次之后,爱丽丝再得 1 分就能赢,因此她最后赢的概率是查理投一次球停到爱丽丝领地中的概率 p。而鲍勃需要连续 3 次投的球都滚到自己的领地上,每次滚到自己领地上的概率是 $(1-p)$,鲍勃连续赢 3 次的概率便是 $(1-p)^3$。那么,应该如何估计这个 p 呢?

在数理统计学中,经常使用似然函数来描述统计模型中的参数,由此函数的最优化来估算参数的方法叫作"最大似然估计"。

似然函数是什么?"似然性"一词与"概率"一词意义相近,都是指某种事件发生的可能性。似然函数与第 1 章"6. 随处可见的钟形曲线:中心极限定理"介绍的概率分布函数有关,它们的函数形式有可能相同,但在统计学中,两者在概念上有着明确的区分:概率分布函数是随机变量的函数,参数固定;似然函数是参数的函数,随参数的变化而变化。

做似然估计时,首先对一定的概率分布和样本取值,定义似然函数,然后再求出使似然函数取极值的参数,它便是最大似然估计的参数。比如说,样本取值为 $(m$、$n)$ 的二项分布的似然函数为 $p^m(1-p)^n$,这里的参数为 p。在上述问题中,查理投了 8 次球,爱丽丝赢 5 次、输 3 次,似然函数为 $p^5(1-p)^3$。为了得到似然函数的极值点,将此函数对 p 的微分并设定为零:

$$\frac{\mathrm{d}}{\mathrm{d}p}\text{似然函数（样本 }D\text{）}=\frac{\mathrm{d}}{\mathrm{d}p}\left[(1-p)^3p^5\right]=0 \quad \Rightarrow p=\frac{5}{8}$$

于是得到最优化上述似然函数的 p 值为 5/8。由最大似然估计，再得出鲍勃最后赢的概率为 P（鲍勃｜样本 D）$=(1-p)^3=(3/8)^3=1/19$。鲍勃的"赔率"$=P$（鲍勃）$/(1-P$（鲍勃）），因此，最后结果鲍勃赔率为 $1:18$。

以上是频率学派的计算方法，贝叶斯学派是如何计算的？

贝叶斯学派也使用似然函数，但他们不将 p 值固定在最大似然估计的 5/8，而是考虑 p 可能为 0 到 1 之间的任何实数，对 p 值的范围积分：

$$P\text{（鲍勃 ｜ 样本 }D\text{）}=\frac{\int_0^1 P\text{（鲍勃）似然函数（样本 }D\text{）}\mathrm{d}p}{\int_0^1 \text{似然函数（样本 }D\text{）}\mathrm{d}p}$$

$$=\frac{\int_0^1 (1-p)^3(1-p)^3p^5\mathrm{d}p}{\int_0^1 (1-p)^3p^5\mathrm{d}p}=0.09$$

由此可算出鲍勃的"赔率"$=P$（鲍勃）$/(1-P$（鲍勃）），所以鲍勃赔率大约为 $1:10$。

可以看出贝叶斯的结果是 $1:10$，而频率论的结果是 $1:18$。究竟哪个是对的呢？两种方法的差异可以用图 2-6-2 来说明。

彩图 2-6-2

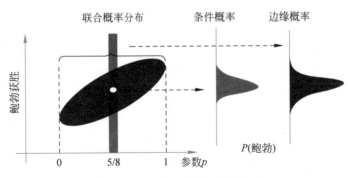

图 2-6-2　条件概率和边缘概率

从模型参数的角度看，频率学派只考虑一个固定的"最大似然估计"的参数值 $p=5/8$，即图 2-6-2 中用 $p=5/8$ 附近矩形长条表示的区域，来得到鲍勃最后获胜的概率,即图 2-6-2 中右边的条件概率分布曲线。而贝叶斯学派并不认为 p 是固定的,各种取值都有可能,因此他们对从 0 到 1 的所有可能的 p 值分布进行积分,也就意味着对所有可能性平均,得到的是图 2-6-2 中最右边的边缘概率分布曲线。

也就是说,从概率的角度看,两种方法的差异来自使用条件概率还是使用边缘概率。如果有两个以上的随机变量,通常用它们的联合概率分布来描述其在多维空间的随机性。如图 2-6-3 表示随机变量 X 和 Y 的联合概率分布以及边缘概率。

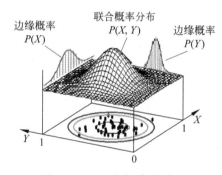

图 2-6-3　联合概率边缘化

频率学派将模型参数看成是固定的;贝叶斯学派则把参数看成是随机变量,并符合某种分布,这是两者的根本区别。

贝叶斯学派的想法其实更为自然,这也是为什么贝叶斯学派的产生远早于频率学派,但在电子计算机技术尚未出现的时候,这大大限制了贝叶斯方法的发展。频率学派主要使用最优化的方法,处理起来要方便很多。如今,贝叶斯学派重新回到人们的视线中,而且日益受到重视。两个学派除在参数空间的认知上有区别以外,方法论上其实是相互借鉴、相互转化的。

因为贝叶斯学派认为所有的参数都是随机变量,都有分布,因此可以使用一些基于采样的方法使得更容易构建复杂模型。频率学派的优点则是没有假设一个先验分布,因此更加客观,也更加无偏向性,在一些保守的领域(比如制药业、法律)比贝叶斯方法更受到信任。

有时候,这种不确定性是物体的固有属性,是独立于主观因素的客观存在。

比如硬币或骰子，它们的物理偏向性如何？某一面出现的概率是多少？是否"公平"？这些都是在物体的制造过程中决定了的，原则上可用频率学派多次实验的方法来探索它的概率。但在某些情形下，"不确定性"的客观意义并不显而易见。例如，在清华大学对北京大学的某次篮球赛中，某人预言清华队"赢"的概率，是他的个人观点结合两支球队实力得出的主观猜测，这时候使用贝叶斯定理逐次更新概率模型的方法更为合适。

图 2-6-4 表示两大学派从不同角度来看待物理参数：频率学派认为参数值是固定的，使用多次测量来逼近这个固定值。贝叶斯学派从固定的样本区间，考虑参数所有可能值，用实验结果来更新参数取值的概率。

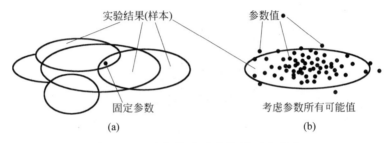

图 2-6-4　两大学派对参数的不同观点

(a) 频率学派通过多次测量、样本区间变化来逼近固定的参数值；
(b) 贝叶斯学派从固定样本区间、参数变化并根据新的样本数据来更新参数分布

7. 德国坦克问题

从观察到的数据(样本)来推断随机变量的整体性质，叫作"统计推断"。统计推断的方法在第二次世界大战中曾大显身手，德国坦克问题是其中一个著名的例子，由此例我们可以再次体会到频率学派和贝叶斯学派在统计方法上的差异。

当时德国人正在大规模地生产坦克，盟军想要知道他们每个月的坦克产量数。为了了解这个信息，盟军采取了两种方法：一种是根据情报人员刺探的消息得到；另一种是根据盟军发现和截获的德国坦克数据，用统计分析方法得到。根据情报人员的报告，德军坦克每个月的产量高达 1500 多辆，而根据统计数字

预计的数量则明显少得多。"二战"之后,盟军对德国的坦克生产记录进行了检查,发现统计方法预测的答案(表 2-7-1)令人惊讶地与事实相当符合[25]。"二战"中的统计学家们是怎么做到的呢?

表 2-7-1　"二战"中德国坦克生产数量统计分析、情报估计与实际记录比较

单位:辆

月份	统计估计	情报估计	德国记录
1940 年 6 月	169	1000	122
1941 年 6 月	244	1550	271
1942 年 8 月	327	1550	342

来源:引自维基百科。

当年,德国人制造的每一辆坦克上都有一个序列号。假设德国每个月生产一批坦克,从 1 到最大值 N 按顺序排列,那么可以把这个最大编号 N 当作总生产量。盟军发现和截获的任何德国坦克上的序列号,都应该是介于 1 和 N 之间的一个整数,根据这些序列号数据,如何来猜测 N?这是"二战"时给数学家们提出的问题。

经典(频率学派)统计推断的方法有几个基本原则,包括最大似然估计、最小方差、无偏性,等等。简单而言,频率学派统计推断使用最优化求极值的方法,让似然函数最大化,样本的平均平方差最小化;无偏性则指的是采样时尽量使得样本的平均值等于整体的平均值。比如说,先考虑最简单的情况:在某个月内,盟军只发现了 1 辆德国坦克,其标号为 60,如何来估计德国在这个月生产坦克的总数 N?也许读者会说:"你疯了!只有这 1 个数据,有什么可估计的?还能使用什么统计方法吗? N 是任何数值都有可能的,只能随便猜测一个了!"

不过,这种说法显然不正确。首先, N 不可能是任何数, N 的值至少要大于或等于 60。即使对如此少量的数据,统计学家们仍然有自己的统计推断方法。

第一,为了估计总数 N,需要选择一个似然函数。如果这批坦克生产的总数是 N 的话,拦截到 1 至 N 中任何一个编号的坦克的可能性为 $1/N$,可以将这个可能性作为似然函数(参数 N 的函数),那么截获任何一辆坦克的概率是坦克总数 N 的函数,见图 2-7-1。

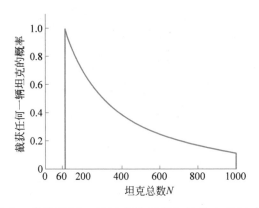

图 2-7-1　截获任何一辆坦克的概率和估计出的坦克总数

如果仅仅考虑最大似然估计，可得 $N=60$，因为那是在图 2-7-1 中使得似然函数取最大值的点。然而，为了考虑最小化均方差（MSE），我们最好假设总产量 N 不是刚好等于 60，而是乘以一个大于 1 的因子 a。想象盟军看到了 N 个坦克中所有的坦克，那么均方差可以如下计算并最优化，求最小值。

均方差：$\mathrm{MSE}=\dfrac{1}{N}\sum_{i=1}^{N}(ai-N)^2$

令均方差对参数微分为 0：$\dfrac{\mathrm{dMSE}}{\mathrm{d}a}=\dfrac{1}{N}\sum_{i=1}^{N}2i(ai-N)=0$

得到参数：$a=\dfrac{3N}{2N+1}$

当 N 趋于无穷大时：$a=\dfrac{3}{2}$

所以 $\hat{N}=\dfrac{3}{2}\times60=90$。

当坦克总数 N 比较大时，近似看作无穷大，相乘的因子 a 近似为 3/2，由此可将 N 的估计值从 60 调节到：N（均方差最小）$=60\times3/2=90$。

最后，再从样本的无偏性来考虑。如果 $N=60$ 的话，那么这个样本太不符合"无偏"的条件了，既然每一辆坦克被发现的概率都是一样的，凭什么盟军截获的那辆坦克就是最后生产的那一辆呢？这听起来太奇怪了；而 $N=90$ 也不符合无偏，最符合无偏条件的就是截获的是序号为中间的那一辆，这样使得样本序号的平均值等于所有样本序号的平均值。也就是说,无偏的 N 应该被估计为 60 的两倍,N(无偏)=120。

　　真不愧为数学家,仅仅截获到 1 辆坦克,就有这么多的考虑,如果截获了更多呢? 我们可以将问题一般化,以上频率学派的思考方式可以推广到一般的情况:

　　一般问题:盟军发现了 k 辆坦克,序号分别为 $i_1, \cdots, i_k$,最大的序号是 m,估计总数 N。

　　频率学派的答案:$N = m + (m-k)/k$。比如说,盟军发现了 5 辆坦克,其序列号分别为 215、90、256、248、60,因此,$k=5, m=256$。从以上频率学派的公式得到,坦克未知的总数 $N = 256 + (256-5)/5 \approx 306$。

　　贝叶斯学派的估算方法比频率学派的方法更为有趣。贝叶斯学派的思想是:欲求的生产量 N 是一个服从某种概率分布的随机变量。随着数据样本的增加,N 的概率分布函数不断被更新,贝叶斯推断描述这个更新的过程。

　　以刚才截获 5 辆坦克的具体数据为例来说明贝叶斯派的推断过程。假设盟军截获的第一辆坦克序列号是 215,从前面对频率派方法最开始的一段分析可知,对应这 1 个样本,N 可能是从 215 开始的任何整数。但是,N 值越大,概率越小。我们暂时忽略 N 值大于 1000 的情况,可以画出 N 的概率分布是类似于图 2-7-1 的曲线。不同的是曲线的起始点,图 2-7-1 中的曲线参数 $N=60$,这里的参数 $N=215$,见图 2-7-2(a)中最大值在 $N=215$ 处的"序列号 215 分布"曲线。

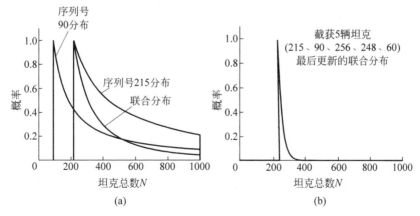

图 2-7-2　贝叶斯推断解决德国坦克问题

(a) 截获序列号 215 和 90 预测 N 的概率分布; (b) 截获 5 辆坦克后预测的联合分布

现在，我们加上第二辆坦克的信息：序列号 90。因为 90 小于 215，它的出现并不改变似然函数的最大值，但是它却对 N 的分布曲线有所影响，两个变量的联合分布曲线表示在图 2-7-2(a)中。由图可见，序列号 90 的数据使得概率分布曲线变得更尖锐，说明 N 的较大数值出现的概率大大降低。

如果再加上后面 3 个样本：序列号 256、248、60，5 个样本的联合分布变得更为尖锐，峰值是 256，N 大于 400 的概率已经几乎为 0，可以忽略不计(图 2-7-2(b))。

第3章　趣谈随机过程

通过前面的内容,我们知道了世界上有两类变量:确定变量和随机变量。确定变量遵循经典的物理规律:牛顿力学或麦克斯韦方程。经典物理学中有静力学和动力学之分,建筑物需要用到静力学,而汽车行驶、火箭上天,就得遵循与时间演化有关的动力学规律。比如,单粒子系统中粒子在三维空间运动的轨迹 $x(t)$,是牛顿第二定律所决定的与时间有关的运动方程的解,而电磁波遵循的规律是麦克斯韦方程的解。

前面两章中所介绍的随机变量的概率性质,都尚未涉及时间的概念,如果随机变量随时间而变,便成为“随机过程”。

经典物理处理的是固定变量的系统随时间演化的过程。与此类似,随机过程也有它的运动规律。不同的是,对随机过程而言,其变量不是我们常见的如空间位置 $x(t)$,电磁场 E、B 之类的变量,而是取值不确定的随机变量。这使得随机过程相比于“不随机的过程”更难以处理。但是,随机过程在日常生活中随处可见,它们遵循何种物理规律呢? 这是本章将介绍的内容。下面就列举数例予以说明。

1. 马尔可夫链

仍然以掷硬币为例。每掷一次硬币,便产生一个随机变量 X,那么我们一次又一次地掷下去,便产生出一系列随机变量 $X_1, X_2, \cdots, X_i, \cdots$ 一般而言,数学家们将一系列随机变量的集合,称为“随机过程”。

随机过程中的随机变量 X_i,在上例中是第 i 次掷丢硬币的结果,也可以理解为时间 t_i 的“函数”,这就是称其为“过程”的原因。时间离散的过程,有时也被称为"链"。

掷一次硬币产生一个取值为 1 或 0 的随机变量 X，接连掷下去产生的（取值 1 或 0）一系列随机变量的集合，被称为伯努利过程。

伯努利过程不仅仅用以描述抛硬币的随机过程，掷骰子也可包括在内，还可推广到任何由互相独立的随机变量组成的集合。换言之，伯努利过程是一个离散时间、离散取值的随机过程。随机变量的样本空间只有两个取值：成功（1），或失败（0），成功的概率为 p。例如，掷一个 6 面对称的骰子，如果将"3"的出现定为成功的话，则多次掷骰子的结果是一个 $p=1/6$ 的伯努利过程。

• ## 什么是马尔可夫链[26]

虽然多次抛硬币也构成随机过程（如上述的伯努利过程），但这种过程比较乏味，因为每次抛的结果都是互相独立的，且正反两面的概率永远相同（50%，50%）。即使推广到掷骰子，每一个面出现的概率不是 50% 了，但仍然是一个固定的数值：1/6。并且，每一次的"抛硬币"或"掷骰子"都是各自独立、互不依赖的，这种独立性是构成之前所介绍的"赌徒谬误"之所以是"谬误"的基础。

然而，事实上在自然界以及社会中存在的随机变量之间，往往存在着互相依赖的关系。比如说，考虑北京明天下雨或晴天的可能性，不一定是与抛硬币那样各有一半的概率，并且一般来说还与北京今天、昨天、前天……或者好多天之前的气候状况有关。

如果我们不考虑得太复杂，假设明天下雨概率只与今天的天气有关的话，那么便可以用一个如图 3-1-1(a) 的简单图形来描述。图 3-1-1 中表示的气候模型只有简单的"雨"和"晴"两种状态，两态之间被数条带箭头的曲线连接，这些连线表示如何从今天的天气状态预测明天的天气状态。比如说，从图 3-1-1(a) 中的状态"雨"出发有两条连线：结束于状态"晴"的那一条标上了"0.6"，意思是说："今天有雨、明天天晴的概率是 60%"；左边曲线绕了一圈又返回"雨"，标识 0.4，即"明天继续下雨的概率是 40%"。可以类似地理解从状态"晴"出发的两条曲线：如果今天晴，那么明天有 80% 的可能性晴，20% 的可能性下雨。随机过程中所有可能状态之集合（雨、晴）构成随机过程的"状态空间"。

上述例子是一个典型的最简单的马尔可夫链，以随机过程开创者、俄罗斯

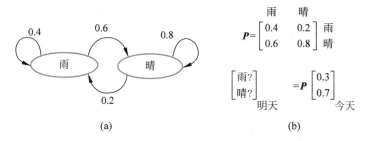

图 3-1-1　典型的马尔可夫过程(简单气象模型)

(a) 图形表示；(b) 矩阵表示

数学家安德烈·马尔可夫(Andreyevich Markov,1856—1922)得名。

马尔可夫链是具有马尔可夫性质的离散随机过程,序列参数和状态空间都是离散的。所谓马尔可夫性质,也被称为"无记忆性"或"无后效性",即下一状态的概率分布只由当前状态决定,与过去的事件无关。像前面所举的气象例子中,明天"晴"或"雨"的概率只与今天的状态有关,与昨天及之前的气候历史无关。除用图形来表示马尔可夫链之外,上述例子中明天和今天"雨晴"概率的关系也可以用图 3-1-1(b)的矩阵 P 来描述,称为转换矩阵。矩阵中的几个数值,表示系统演化"一步"后,即今天到明天的状态之间的转移概率。当 P 表示转换矩阵时,状态便是一个矢量。比如说,图 3-1-1(b)中,今天的状态被表示为一个分量为 0.3 和 0.7 的矢量,意思是说,今天下雨的概率为 30%,天晴的概率为70%,明天的状态则由 P 乘以今天的状态而得到。

转移概率不随时间而变化的马尔可夫过程叫作时齐(时间齐次)马尔可夫过程。比如说,如图 3-1-2 所示,假设北京每天天气的"晴""雨"状态都由前一天的状态乘以同样的转换矩阵 P 而得到,那就是一个时齐马尔可夫链。通常考虑的马尔可夫过程,都被假定是"时齐"的。

● 极限概率分布(以股票市场模型为例)

给定了系统的初始状态 X_0 和转移矩阵 P,便可以逐次求得马尔可夫链中之后每一个时刻的状态:$X_1,X_2,\cdots,X_i$。有时候,人们感兴趣于那种长时间后逐渐趋于稳定状态的马尔可夫过程。与级数序列逼近收敛到某个极限值类似,马尔可夫链最后也可能逼近某一个与初始状态无关的极限概率分布状态,称为

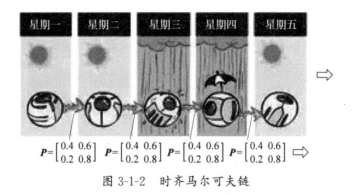

图 3-1-2　时齐马尔可夫链

稳态。下面以一个简单的股票市场马尔可夫模型为例解释这点。

假设一周内的股票市场只用简单的 3 种状态表示：牛市、熊市、停滞不前。其转移概率如图 3-1-3 所示。

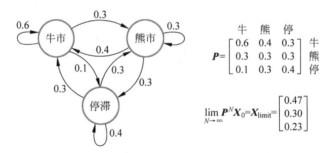

图 3-1-3　极限概率分布（股票市场例子）

当时间足够大的时候,这个马尔可夫链产生的一系列随机状态趋向一个极限向量,即图 3-1-3 中右下角所示的矢量。这个矢量 $\boldsymbol{X}_{\text{limit}} = [0.47, 0.3, 0.23]^{\text{T}}$ 描述的状态是系统最后的稳态,是系统的极限,称为稳态分布向量。

在股票市场的例子中,存在稳态分布向量意味着：按照这个特例中的模型,长远的市场趋势趋于稳定。即任何一周的股票情况都是,47％的概率是牛市,30％的概率是熊市,23％的概率是停滞不前。

2. 酒鬼漫步的数学

想象在纽约曼哈顿的东西南北格点化的街道中有一个醉汉,他每次从当时所在的交叉路口选择一条街,也就是随机选择了 4 个方向之一,然后往前走,走到下一个路口又随机选择一次……如此继续下去,他走的路径会具有什么样的特点呢?

上述问题被称为"酒鬼漫步",数学家们将酒鬼的路径抽象为一个数学模型:无规行走,或称随机游走(random walk)。曼哈顿的酒鬼只能在二维的城市地面上游荡,因此是一种"二维无规行走",见图 3-2-1。

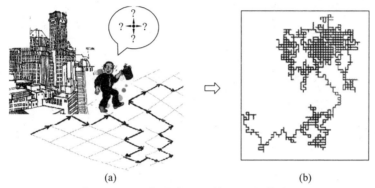

(a)　　　　　　　　　　　　　　　(b)

图 3-2-1　酒鬼漫步和二维无规行走路径

无规行走可以看作马尔可夫链的特例,它的状态空间不像上述抛硬币等例子中那种由简单的几种有限的数个基本状态构成。比如说,抛硬币的状态空间由"正""反"两种基本状态构成;简单气象模型的状态空间也只有"雨""晴"两种基本状态;掷骰子的状态空间有"1、2、3、4、5、6"6 种状态;股票市场由"牛市""熊市""停滞"3 种基本状态构成。除此之外,随机过程的状态空间可以由无限延伸的"物理空间"构成,这里的"空间"可以是一、二、三维的,也可以扩展到更高维。现实世界中很多过程可以用该类型过程来模拟,如液体中微粒所做的布朗运动、扩散现象,鸟儿在空中的随意飞行,河里鱼儿漫游,池塘中青蛙跳跃,传染病在人群中(或动物界)的传播,等等。此外,状态空间可以是连续的,也可以是离散的。无规行走是离散状态空间中一类特殊的马尔可夫链[27]。

为什么说酒鬼漫步是马尔可夫链呢?因为醉汉在时刻 t_{i+1} 的状态(即位置),仅仅由他在时刻 t_i 的状态(x_i, y_i),以及他随机选择的方向所决定,与过去(t_i 之前)走过的路径无关。

事实上,第 1 章中作为正态分布的实验而介绍的高尔顿钉板,也可看作马尔可夫链的例子。考虑某个小球向下掉的运动，它在每一步碰到钉子后，左移和右移的概率均为 50%（或者一般而言，左右概率各为 p、q），使得它的水平位置随机地加 1 或减 1。高尔顿钉板虽然貌似是一个二维空间，但因为小球在垂直方向的运动并不是随机的而是固定地向下 1 格，所以可以作为一个水平方向一维无规行走的例子。垂直方向的运动被视为时间的流逝。

可以将高尔顿钉板如图 3-2-2(a) 那样改造一下，用以研究一维的酒鬼漫步问题。将钉板的水平方向设置为 x 轴，钉板左边某处（图 3-2-2(a) 中的虚线）为悬崖（设 $x=0$）。假设酒鬼（钉板顶端的小球）起始时位于 $x=n$ 的格点位置，即离悬崖有 n 格之遥，酒鬼漫步过程中的每一步，向右（x 增大）的概率为 p，向左的概率则为 $1-p$。现在问：酒鬼漫步掉下悬崖的概率是多少？

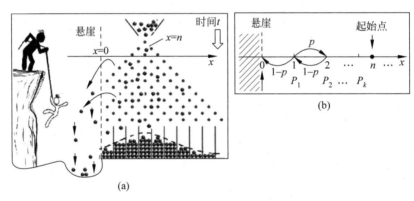

图 3-2-2　酒鬼掉下悬崖问题

从 (a) 高尔顿钉板到 (b) 一维酒鬼漫步

因为悬崖的位置在 $x=0$ 处，所对应随机变量 x 的值为 0，所以到达格点 $x=0$ 处，可作为酒鬼掉下了悬崖的判据。我们首先将上面的问题用具体数值简化，比如说，假设酒鬼漫步时向右走的概率为 $p=2/3$，向左走的概率为 $q=1-p=1/3$。那么，简化后的问题是：酒鬼从 $x=1$ 的位置开始漫游、掉下悬崖的概率是多少？

也许有人会很快得出答案：酒鬼从 $x=1$ 向左走一步就到了悬崖，而他向左走的概率为 1/3，那么他掉下悬崖的概率不就是 1/3 吗？仔细一想就明白事情不是那么简单。1/3 是酒鬼的第一步向左走掉下悬崖的概率，但他第一步向右走仍然有可能掉下悬崖。比如说,向右走一步之后又再向左走两步,不也一样到达 $x=0$ 的格点而掉下悬崖吗? 所以,掉下悬崖的总概率比 $1/3$ 要大,要加上第一步向右走到了 $x=2$ 的点但后来仍然掉下悬崖的概率。

为了更清楚地分析这个问题,我们将酒鬼从 $x=1$ 处漫步到 $x=0$ 处的概率记为 P_1。这个概率显然就是刚才简化问题中要求解的:从 $x=1$ 处开始漫步掉下悬崖的概率。同时,从这个问题的平移对称性考虑,P_1 也是酒鬼从任何 $x=k$ 左移一个格点,漫步(不管多少步)到达 $x=k-1$ 格点位置的概率。有一点需要提醒读者注意:酒鬼走一步,与他的格点位置移动一格是两码事,格点位置从 $x=k$ 左移到 $x=k-1$,也许要走好几步。

除 P_1 之外,将从 $x=2$ 处开始漫步掉入悬崖的概率记为 P_2,则 $P_2=P_1{}^2$,$x=3$ 处的概率记为 P_3,则 $P_3=P_1{}^3$…然后,如刚才所分析的,对 P_1 可以列出一个等式:$P_1=1-p+pP_1{}^2$,由此可以解出 $P_1=1$ 或者 $P_1=(1-p)/p$。因此,对这个问题有意义的解是 $P_1=(1-p)/p$,$P_n=P_1{}^n$。

当 $p=1/2$ 时,$P_1=1$,意味着酒鬼最终一定会掉下悬崖。当 $p<1/2$ 时,$P_1>1$,P_n 也一样,但概率最多只能为 1。记住 p 是酒鬼朝悬崖反方向游走的概率,所以如果酒鬼朝悬崖反方向走的概率不足 $1/2$ 的话,无论他开始时距离悬崖多远,酒鬼是肯定要掉下悬崖的。

如果 $p=2/3$,则算出 $P_1=1/2$,$P_n=(1/2)^n$。当 n 越大,即酒鬼初始位置离悬崖越远,失足的可能性便越小。

3. 赌徒破产及鸟儿回家

无规行走模型的应用范围很广,酒鬼漫步失足悬崖的问题也有许多不同的故事版本,但描述它的数学模型基本一致。比如说,赌徒破产问题就是其中一例。说的是有赌徒在赌场赌博,赢的概率是 p,输的概率是 $1-p$,每次的赌注为 1 元。假设赌徒最开始时有赌金 n 元,赢了赌金加 1 元,输了赌金减 1 元,问赌徒输光的概率是多少?

这个问题与上面解决的酒鬼漫步问题的数学模型完全一样,赌金的数目对应于酒鬼漫步中的一维距离 x,悬崖位置 $x=0$ 便对应于赌金输光,赌徒破产。

从上面分析可知，即使 $p=1/2$，酒鬼也必定掉下悬崖。赌徒问题中赢的概率 $p=1/2$ 对应于公平交易，但事实上赌徒与赌场赢的概率比是(49:51)。即便是公平交易，与酒鬼类似，赌徒最终仍然破产，无论你最初有多少赌金，因为你的赌本毕竟是有限的，而你的博弈对手(赌场)理论上而言拥有无限多的赌本。

　　酒鬼漫步(或赌徒破产)问题还可以稍加变换，构成一些新型的趣题。比如说，假设酒鬼的路上两边都有悬崖，计算分别掉到两边悬崖的概率；赌博问题上，便相当于两个赌徒 A 和 B 赌博，看谁先输光。也可以假设酒鬼的路上根本没有悬崖，且路的两头都可以无限延伸。酒鬼从自家门口出发，要你计算，酒鬼出去漫游之后，最后还能够回到家的概率等于多少。

　　上面的所有例子，涉及的都是最简单的一维无规行走问题。从一维可以扩展到二维、三维乃至更多的维数。但是，有时候并非简单的扩展，比如上面那个"酒鬼回家"的问题，空间维数不一样的时候，答案会大不一样。

　　首先看看一维的情况：酒鬼随机游走在长度无限的路上，时左时右，但只要时间足够长，他最终总能回到出发点。因此，回家的概率是 100%。二维的情形也类似，相当于酒鬼从家里出发，游走在街道呈网格状分布(设想为无限大)的城市里，他每走到一个十字路口，概率均等地从 4 个方向(包括来的方向)中选择一条路(图 3-2-1(a))。和一维的情况类似，只要时间足够长，这个酒鬼总能回到家，概率仍然是 100%。

　　美籍匈牙利数学家乔治·波利亚(George Pólya，1887—1985)认真研究了这个"酒鬼能否回家"的问题，在一维、二维情况下酒鬼回家概率等于 100%，便是被他在 1921 年证明的[28]。波利亚"二战"时移民美国，后来是斯坦福大学的教授。

　　"酒鬼能否回家"问题的一维、二维答案不足为奇，波利亚的贡献是证明了在维数更高的情况下，酒鬼回家的概率大大小于 100%！比如说，在三维网格中随机游走，最终能回到出发点的概率只有 34%。

　　酒鬼不可能在空中游走，鸟儿的活动空间才是三维的，因此美国日裔数学家角谷静夫(Shizuo Kakutani，1911—2004)将波利亚定理用一句通俗又十分风趣的语言来总结：喝醉的酒鬼总能找到回家的路，喝醉的小鸟则可能永远也回不了家。(图 3-3-1)

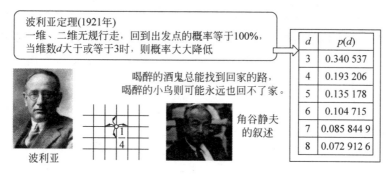

图 3-3-1 "酒鬼、小鸟回家"定理

无规行走也是物理学中布朗运动的数学模型,下面将详细论述。

4. 微粒的"酒鬼漫步"——布朗运动

概率及随机过程的数学模型,被广泛地应用到包括金融、气象、物理、信息及计算机等各门学科在内的研究中。在此基础上,玻尔兹曼、麦克斯韦、吉布斯等物理学家们建立了统计力学,维纳及香农等人建立了信息论。布朗运动是随机过程的典型事例,并由此促进了统计物理及其他相应学科的发展。

• 布朗运动的研究历史

1905 年是爱因斯坦的奇迹年,这位 26 岁的伯尔尼专利局小职员发表了 5 篇论文,箭箭中的、篇篇惊人,为现代物理学的 3 个不同领域做出了划时代的贡献:光电效应开创量子时代,狭义相对论颠覆经典时空观,对布朗运动的研究促进了分子论的发展。

在这 3 项成就中,人们通常低估了爱因斯坦研究的布朗运动,就连他本人也是如此,经常提及前两项而忽略后者。但现在回头看那段历史,爱因斯坦有关布朗运动的论文(包括他的博士论文)对现代物理学的贡献丝毫不逊色于其他两篇。据说查询爱因斯坦文章被引用的次数:最多的是 EPR 佯谬,第二位便是布朗运动,然后才是光电效应及相对论。

罗伯特•布朗(Robert Brown,1773—1858)在 1826 年用显微镜观察发

现,悬浮在水中的花粉微粒不停地做不规则的运动。一些学者以为那是某种生命现象,但后来发现液体或气体中各种不同的与生物毫不相干的悬浮微粒,都存在这种无规则运动。直到 19 世纪 70 年代末,才有人提出这种运动的原因并非来自外界而是出自液体自身,是微小颗粒受到周围分子的不平衡碰撞而导致的运动(图 3-4-1)。

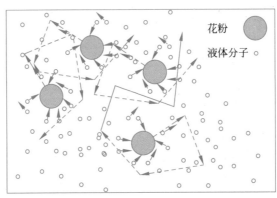

图 3-4-1　布朗运动的杂乱轨迹及其成因

如今我们把原子和分子的结构当作理所当然,而在一两百年前却不是这样的。尽管道尔顿于 1808 年在他的书中就描述了他想象中物质的原子、分子结构,但是这种在当时看不见摸不着的东西有多少人会相信呢? 一直到道尔顿之后的八九十年,著名的奥地利物理学家玻尔兹曼(Boltzmann,1844—1906)还在为捍卫原子理论与"唯能论"的代表人物作斗争。

在 19 世纪 70 年代,玻尔兹曼超前地用分子运动来解释热力学系统的宏观现象。科学天才的性格往往都具有互为矛盾的两方面,玻尔兹曼也是如此,他有时表现得极为幽默,给学生讲课时生动形象、妙语连珠,但在内心深处又似乎自傲与自卑混杂,经常情绪波动起伏不定,类似躁郁症患者。以玻尔兹曼为代表的原子论支持者认为物质由分子、原子组成,而唯能论者则把能量看作最基本的实体并视为世界本原。玻尔兹曼有杰出的口才,但提出唯能论的德国化学家奥斯特瓦尔德也非等闲之辈,他机敏过人、应答如流,且有在科学界颇具影响力却又坚决不相信"原子"的恩斯特·马赫作后盾。原子论的支持者看起来寥寥无几,而且大多数都是些不要嘴皮的实干家,并不参加辩论。因此,玻尔兹曼认为自己是在孤军奋战,精神痛苦闷闷不乐。虽然在这场旷日持久的争论中,玻尔兹曼最终取胜,却也元气大伤,最后走上了自杀之路。

原子论的反对者们当年常用的一句话是:"你见过一个真实的原子吗?"因此,大多数物理学家试图用更多的实验事实来证明原子的存在。1900年,奥地利物理学家埃克斯纳反复测定了布朗微粒在1分钟内的位移,证实了微粒的速度随粒度增大而降低,随温度升高而增加,由此将布朗运动与液体分子的热运动联系起来。这下好了,虽然分子、原子太小看不见,但它们所导致的布朗运动看得见!爱因斯坦接受了这种将布朗运动归结为液体分子撞击结果的理论,并希望通过分析布朗运动,做出定量的理论描述,以证明原子和分子在液体中真正存在,这是促使爱因斯坦研究布朗运动的动力。

● 布朗运动和分子热物理[29]

假设布朗运动是液体分子对悬浮粒子的碰撞造成的,悬浮粒子的运动反映了液体或气体分子的运动。分子的尺寸太小,不可能在当时的实验条件下被直接观察到,但尺寸比分子大得多的布朗粒子的运动却能在显微镜下被观察到。此外,虽然原子、分子论在当时仍然疑云重重,但科学家们已经为这个假说做了大量的工作。比如在分子动力理论方面,有克劳修斯、麦克斯韦及玻尔兹曼等人刚刚开始建立的统计力学;在热力学及化学领域中,阿伏伽德罗常数、玻尔兹曼常数等已经被发现和使用;特别是后来发现的有关分子运动的麦克斯韦—玻尔兹曼速度分布,是物理学史上第一个概率统计定律,它解释了包括压强和扩散在内的许多基本气体性质,形成了分子运动论的基础。

　　液体内大量分子不停地做杂乱的运动，不断地从四面八方撞击悬浮的颗粒，在任意一个瞬间，每个颗粒每秒会受到约 10^{21} 次周围分子的碰撞。如此频繁的碰撞，造成了布朗粒子的无规运动，这种大量质点的运动不太可能靠经典的适用于单粒子体系的牛顿定律来分析，必须使用统计和概率的方法，计算小颗粒集体的平均运动。

　　现实中的布朗运动是发生在三维空间的，但作为数学模型，不妨研究最简单的一维情形。图 3-4-2 所示便是一维布朗微粒的位置 x 随时间变化形成的轨迹。假设在初始时间 $t=0$ 时，所有的小颗粒都集中在 $x=0$ 的点，然后由于液体分子的碰撞，颗粒便随机地向 x 的正负方向移动，其图景类似于一滴墨汁滴入水中后的扩散现象。如果你把视线集中在某一颗粒子上，就可以看到这个颗粒的运动方向在不断改变，不断地做杂乱无章的跳跃。但作为整体来看，有些颗粒往上，有些颗粒往下，由于对称性因素，往 x 的正负两个方向运动的概率是相等的，所以所有颗粒的正负位移抵消了，平均值仍然为 0。从图 3-4-2 可见，平均位移为 0 不等于静止不动，对每个具体粒子而言，一直都在不停地运动，并且随着时间增大，运动轨迹的"包络"离"0"点越来越远，也就是说，整体看起来越来越发散。那么，如何描述这种集体的扩散运动呢？位移的平均值为 0 是因为正负效应抵消了，如果将位移求平方之后再求平均，便不会互相抵消了，可用以衡量颗粒运动的集体行为，这便是爱因斯坦当年用以研究布朗运动的"均方位移"。事实上，均方位移不仅可以描述布朗粒子的集体行为，也可以描述单个微粒长时间随机运动的统计效应。

彩图 3-4-2

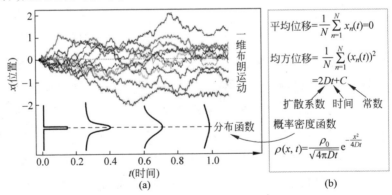

图 3-4-2　一维布朗运动的分布函数随时间变化

爱因斯坦依据分子运动论的原理导出了均方位移与时间平方根的正比关系,见图 3-4-2(b)中的公式,其中的比例常数 D 被称为扩散系数,表明做布朗运动的微粒扩散的速率。爱因斯坦的理论圆满地回答了布朗运动的本质问题,还得出了分子运动论中重要的爱因斯坦—斯莫卢霍夫斯基关系(第二个名字来自另一位独立研究布朗运动的波兰物理学家),该公式将通过布朗运动宏观可测的扩散系数 D 与分子运动的微观参数联系起来:$D = \mu_P k_B T$。其中 μ_P 是粒子的迁移率,k_B 是玻尔兹曼常数,T 是绝对温度。扩散系数可以更进一步与阿伏伽德罗常数联系起来:$D = RT/(6\pi\eta N_A r)$,这里的 R 是气体常数,T 为温度,η 是介质黏度,N_A 是阿伏伽德罗常数,r 是布朗粒子的半径。之后,法国物理学家让·佩兰(Jean Perrin,1870—1942)于 1908 年用实验测试了阿伏伽德罗常数,在证实了爱因斯坦理论的同时,也为分子的真实存在提供了一个直观的、令人信服的证据,佩兰因此而荣获 1926 年诺贝尔物理学奖。

- 布朗运动和无规行走

爱因斯坦是将概率统计的数学观念用以研究布朗运动的第一人,其目的是探索布朗运动中隐藏着的深奥的物理本质。而为布朗运动建立严格数学模型的,是著名的控制论创立者,美国应用数学家诺伯特·维纳(Norbert Wiener,1894—1964)。因此,布朗运动在数学上被称为维纳过程。

维纳是生于美国的犹太人,是一个早熟神童,又被其父亲按照他心目中的神童标准以独特的方式来进行“教育实验”,因而维纳从青少年时代开始便是一个引人注目的科学明星(图 3-4-3(a))。他 18 岁获得哈佛大学的博士学位,之后到欧洲又得到数位名师的指导,其中包括数学家哈代、哲学家兼数学家罗素、大数学家希尔伯特等。维纳 21 岁时被哈佛大学聘请回到美国。不过,维纳动手能力极差,魁梧的身躯甚至使他显得有点笨拙。他还有一个致命弱点是高度近视,据说后来在麻省理工学院工作时,维纳的视力差到连走路都必须摸着墙壁。此外,他虽然知识渊博,但讲课时经常心不在焉,因而在师生中笑话频传。这些因素使得这个少年天才的成长之路坎坷不平,经多次失业后好不容易在麻省理工学院找到了一份教职,才真正开始了他的学术研究生涯。

由于在"二战"时从事枪炮控制方面的工作，由此引发了维纳进行通信理论和反馈的研究，加之他从小对生物学的兴趣，造就了这位信息论先驱及控制论之父。他的著名著作《控制论：或关于在动物和机器中控制和通信的科学》一书，促成了控制论的诞生。

概率和统计是个"伤人"的研究课题，它引发的无休止的辩论使玻尔兹曼精神烦躁而自杀。后来，玻尔兹曼的学生，同样研究统计力学的荷兰物理学家保罗·埃伦费斯特（Paul Ehrenfest，1880—1933），也于 1933 年 9 月 25 日饮弹自尽。维纳也颇具神经质性格，曾经有过比玻尔兹曼还严重的躁郁症，多次产生过自杀的念头，不过还好精神幻觉终究并未成为现实，维纳于 69 岁在瑞典讲学时因心脏病突发而逝世。

正是在麻省理工学院时，维纳仔细、深入地从数学上分析、研究了理想化的布朗运动，即维纳过程，发现了在电子线路中电流的一种类似于布朗运动的不规则"散粒效应"。这个问题在维纳的时代尚未成为电子线路的障碍，但在 20 年后具有维纳过程的数学模型成为电气工程师的一个必不可少的工具。因为当电流被放大到某一倍数时，就显示出明显的散粒随机噪声，有了维纳过程的数学模型，工程师们才能找到适当的办法来避免它。

通信和控制系统所接收的信息带有某种随机的性质，维纳的控制论也是建立在统计理论的基础上。

从原点出发的维纳过程 $W(t)$（$W(0)=0$）有如下几点性质（图 3-4-3(b)）：

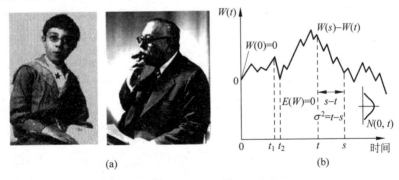

(a)

(b)

图 3-4-3　维纳和布朗运动

(a) 维纳；(b) 维纳过程

（1）维纳过程是无规行走（或称随机游走）的极限过程：通俗地说，无规行走是按照空间格点一格一格地走，假设格点间距离为 d，维纳过程则是 d 趋于 0 时无规行走过程的极限。

（2）维纳过程是齐次的独立增量过程：在每一个时刻 t，随机变量 $W(t)$ 符合正态分布 $N(0,t)$，增量函数 $(W(t)-W(s))$ 也是随机变量，符合正态分布 $N(0,t-s)$，即期望值为 0，方差 $\sigma^2 = t-s$。增量的分布只与时间差有关，与时间间隔的起始点 s 无关，此谓"齐次"。任意一个时间区间上的概率分布独立于其他时间区间上的概率分布，此谓"独立"。

（3）维纳过程是马尔可夫过程：该过程的未来状态只依赖于当前的随机变量值 $W(t)$。

（4）维纳过程是"鞅"（martingale）过程：已知本次和过去的所有观测值，则下一次观测值的条件期望等于本次观测值。或者说：当前的状态是未来的最佳估计。

（5）函数 $W(t)$ 关于 t 处处连续，处处不可微。这个结论看起来与图 3-4-3 中所画的不一样，图中的时间间隔太大，但是理论上格点距离 d 逼近于 0。

（6）与随机漫步一样，一维和二维的维纳过程是常返的，也就是说几乎一定会回到起始的原点。当维度高于或等于三维时，维纳过程不再是常返的。如同数学家角谷静夫的总结："醉鬼总能找到回家的路，喝醉的小鸟则可能永远也回不了家。"

（7）维纳过程是一种分形：与格点距离为 d 的有限的随机漫步不同的是，维纳过程拥有尺度不变性，以及其他特征。

5. 麦穗问题和博士相亲

苏格拉底和他的学生柏拉图都是古希腊著名的哲学家。一天，柏拉图问苏格拉底：什么是爱情？苏格拉底叫他到麦田走一趟，目标是要摘回一个最大、最好的麦穗，但只可以摘一次，并且不许回头，路径不能重复。柏拉图以为很容易，但最后却空手而归，原因是他在途中虽看到很不错的麦穗，却总希望后面有更好的，最终错失所有的良机。苏格拉底告诉他：这就是爱情！之后又有一天，柏拉图问苏格拉底：什么是婚姻？苏格拉底叫他去树林带回一根最好的树枝，照样只采一次且不许回头。最后柏拉图拖了一根中等质量的树枝回来，原因是他接受了上次的教训，半途中看到"差不多"的树枝就做决定了！苏格拉底说：这就是婚姻。

两位哲学家用麦穗和树枝问题来形象地比喻了爱情和婚姻的不同：前者是错过了的美好，后者是人生旅途中权衡之后的抉择。人文学者及公众都为这段颇富哲理的名人故事津津乐道，但数学家们却从概率及统计的角度来解读它。

麦穗问题虽然很普通，但与貌似高深的"随机过程"也相关。每个麦穗的大小都可以看作随机的，因此当柏拉图在麦田中走一圈时，碰到一个又一个排成序列的随机变量，这不就是一个随机过程吗？

加以数学抽象之后的麦穗问题，等效于概率及博弈论中著名的秘书问题[30]。它还有多种变换版本：未婚夫问题、止步策略、苏丹嫁妆问题，等等。下面我们用"博士相亲"的故事来叙述它，并借机介绍如何将微积分的基本概念用于分析随机过程。

且说有一位博士，精通数学，小有成就，唯有一个老大难问题尚未解决：将近 40 岁还没有交上女朋友。于是，那年他奉母命相亲，据说半个月之内来了100 名佳丽应征。后来，这位博士经过严格的数学论证，采用了一种他认为的"最佳策略"，终于百里挑一，赢得美人归。

这里还需加上一段话，描述博士母亲设定的条件。母亲要求他在 15 天之内，要对这 100 位佳丽一个一个地面试，每位佳丽只能见一次面，面试一个佳丽之后立即给出"不要"或"要"的答案。如果"不要"，则以后再无机会面试该女子；如果答案是"要"，则意味着博士选中了这位女子，相亲过程便到此结束。

看到这里，你也许已经领会到这个"博士相亲"与"麦穗问题"本质上是一致的了。那么，对于这种"见好就收，一锤定音"的要求，博士的"最佳策略"又是怎么样的呢？

既然是"最佳"，那应该用得上微积分中的最优化、求极值的技巧吧。果然如此！我们首先看看，博士是如何建造这个问题的数学模型的。

这看起来是个概率的问题。假设，按照博士对女孩的标准，他将 100 个女孩做了一个排行榜,从 1 到 100 编上号,"♯1"是最好的,然后是"♯2""♯3"……当然,博士并不知道每一次面试的女孩是多少号。这些号码随机地分布在博士安排的另一个面试序列$(1,2,3,\cdots,r,\cdots,i,\cdots,n)$中,见图 3-5-1。博士的目的就是要寻找一种策略,使得这"一锤定音"定在"♯1"的概率最高。

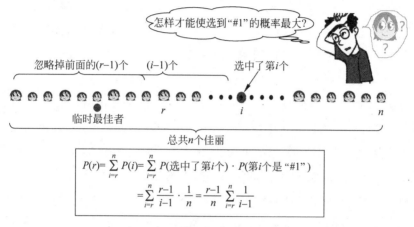

图 3-5-1　博士相亲的最佳策略

设想一下,博士可以有好多种方法做这件事。比如说,他可以想得简单一点,预先随意认定一个数字 r(比如将 r 固定为等于 20),当他面试到第 r 个人的时候,就定下来算了。这时候,因为 r 是 100 人中挑出来的任意一个,所以,这个人是"♯1"的概率应该是 1/100。这种简单策略的概率很小,博士觉得不合适。当他面试到第 20 个人时,如果看到的是个丑八怪也就这么定下来吗? 显然这不是一个好办法。那么,将上面的方法做点修正吧:仍然选择一个数字(比如 $r=20$),但这次的策略是:他从第 20 个人开始认真考察,将后面的面试者与前面面试过的所有人加以比较。比如说,如果博士觉得这第 20 个面试者比前面 19 个人都好,那便可以"见好就收"。否则,他将继续面试第 21 个,将她与前面 20 人相比较;如果不如前面的,继续面试第 22 个,再将她与前面 21 人相比较……如此继续下去,直到面试到比前面的面试者都要更好的人为止。

根据图 3-5-1,总结一下博士策略的基本思想:对开始的 $r-1$ 个面试者,答复都是"不要",等于是"忽略"掉这些佳丽,只是了解一下佳丽水平而已,直到第 r 个人开始,才认真考虑和选择。如果从 r 开始面试到第 i 个人的时候,觉得这是一个比前面的人都要更中意的人，便决定说"要"，从而停止这场面试。图 3-5-1 中还标出了一个"临时最佳者"，这和实际上隐藏着的排行榜中的"♯1"是不同的。"临时最佳者"指的是博士一个一个面试之后到达某个时刻所看到的最好的佳丽，是随着博士已经面试过的人数的增加而变化的。

这里便有了一个问题：对 100 个人而言，到底前面应该"忽略"掉多少个人，才是最佳的呢？也就是说，对 n 个面试者，r 应该等于多大，才能使得最终被选定的那个面试者，是"♯1"的概率最大？r 太小了当然不好，比如说，如果令 $r=2$，那就是说，只忽略第一个，如果第二个比第一个好的话，就定下了第二个。当然也可能继续下去，但很有可能决定下得太快了，似乎还没有真正开始面试，过程就结束了！r 太大显然也不行，比如说令 $r=99$，那就是说，从第 99 个人才开始比较。如此办法，因为忽略的人数太多，"♯1"被忽略掉的可能性也非常大，面试了这么多的人，选出"♯1"的概率只是大约为 2/100 而已。

也许，应该忽略掉一半，从中点开始考察？也许，这个数 r 符合黄金分割原则：0.618？也许与另外某个有名的数学常数（π 或 e）有关？然而，这都是一些缺乏论据的主观猜测，博士是科学家，还是让数学来说话吧。

我们首先粗略地考察一下，如果使用这种方法的话，对某个给定的 r，应该如何估算最后选中"♯1"的概率 $P(r)$。对于给定的 r，忽略了前面的 $r-1$ 个佳丽之后，从第 r 个到第 n 个佳丽都有被选中的可能性。因此，在图 3-5-1 的公式中，这个总概率 $P(r)$ 被表示成所有的 $P(i)$ 之和。这里的 i 从 r 到 n 逐一变化，而 $P(i)$ 则是选中第 i 个佳丽的可能性（概率）乘以这个佳丽是"♯1"的可能性。

选中第 i 个佳丽的可能性取决于第 i 个佳丽被选中的条件，那应该是当且仅当第 i 个佳丽比前面 $i-1$ 个都要更好，而且前面的人尚未被选中的情形下才会发生。也可以说，第 i 个佳丽被选中，当且仅当第 i 个佳丽比之前的"临时最佳者"更好，并且这个临时最佳者是在最开始被忽略的 $r-1$ 个佳丽之中。因为如果这个临时最佳者是在从 r 到 i 的话，她面试后就应该被选中了，然后就停止了"相亲过程"，第 i 个佳丽不会被面试。

此外，这第 i 个佳丽是"♯1"的可能性是多少呢？实际上，按照等概率原理，每个佳丽是"♯1"的可能性是一样的，都是 $1/n$。因此根据上面的分析，我们便得到了图 3-5-1 所示的选中"♯1"的概率公式。

从公式可知,选中"♯1"的概率是博士策略中开始认真考虑的那个点 r 的函数。读者不妨试试在公式中代入不同的 n 及不同 r 的数值,可以得到相应情况下的 $P_n(r)$。比如说,我们前面所举的当 $n=100$ 时候的两种情形: $P_{100}(2)$ 大约等于 6/100; $P_{100}(99)$ 大约等于 2/100。

下面问题就是要解决: r 取什么数值,才能使得 $P_n(r)$ 最大。如果我们按照图 3-5-1 中的公式计算出当 $n=100$ 时,不同 r 所对应的概率数值,比如令 r 分别为 2, 8, 12, 22, $\cdots$,将计算结果画在 $P_n(r)$ 图上,如图 3-5-2(a) 所示。我们可以将这些离散点连接起来,成为一条连续曲线,然后估计出最大值出现在哪一个点 r。这是求得 $P(r)$ 最大值的一种实验方法。

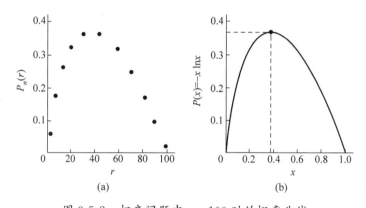

图 3-5-2　相亲问题中 $n=100$ 时的概率曲线

(a) 概率 $P(r)$ 的离散函数 ($n=100$); (b) 概率 $P(x)$ 的连续函数

然而,我们更感兴趣从理论上分析更为一般的问题,那就要用到微积分了。如果能给随机变量建立一套类似普通微积分的理论,让我们能够像对普通变量做微积分那样对随机变量做微积分就好了。

在普通微积分里面,最基本的理论基础是"收敛"和"极限"的概念,所有其他的概念都是基于这两个基本概念的。对于随机过程的微积分,在数学家们建立了基于实分析和测度论的概率论体系之后,就可以像当初发展普通微积分那样先建立"收敛"和"极限"这两个概念。与普通数学分析不同的是,现在我们打交道的是随机变量,比以前的普通变量要复杂得多,相应建立起来的"收敛"和"极限"的概念也要复杂得多。

在随机微积分中的积分变量是随机过程,比如说无规行走。无规行走是时间的一个函数,却有一个特殊的性质:处处连续但是处处不可导,正是这个特殊的性质使得随机微积分与普通微积分大不相同。

实际上,随机微积分一般既牵涉到普通变量时间 t,又牵涉到随机变量 $W(t)$。所以,进行随机微积分时,如果碰到跟 t 有关的部分就用普通微积分的法则,而碰到跟 $W(t)$ 有关的部分时就使用随机微积分的法则。

首先,我们要想办法将 $P_n(r)$ 变成 r 的连续函数。因为只有对连续可微函数,才能应用微积分。为了达到这个目的,我们分别用连续变量 $x=r/n$、$t=i/n$ 来替代原来公式中的离散变量 r 和 i。此外,最好使得研究的问题与 n 无关。因此,我们考虑 n 比较大的情形。当 n 趋近于无穷大时,$1/n$ 是无穷小量,可用微分量 dt 表示,而公式中的求和则用积分代替。如此一来,图 3-5-1 中 $P(r)$ 的表达式对应于连续函数 $P(x)$:

$$P(x)=x\int_x^1 \frac{1}{t}dt=-x\ln(x) \tag{3-5-1}$$

图 3-5-2(b)画的是连续函数 $P(x)$($=-x\ln x$)的曲线。这里的 ln 是表示自然对数,即以欧拉常数 e 为基底的对数函数。由图可见,函数在位于 x 约等于 0.4 的地方,有一个极大值。

从微积分学的角度看,光滑曲线极大值所在的点是函数的导数为零的点,函数在这个点具有水平的切线。但是导数为零,不一定对应的都是函数值极大,而是有三种不同的情况:极大、极小、既非极大也非极小。用该点二阶导数的符号,可以区别这三种情形,见图 3-5-3。

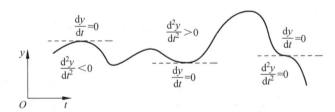

图 3-5-3 函数的极值处导数为零

所以,令式(3-5-1)对 x 的导数为零便能得到函数的极值点:$x=1/e\approx 0.36$。并且这个点概率函数 $P(x)$ 的值也等于 $1/e$,大约为 0.36。

　　将上面的数值用于博士的相亲问题。当$n=100$的时候,得到$r=36$。也就是说,在博士的面试过程中,他首先应该忽略前面的 35 位佳丽。然后,从第 36 位面试者开始,便要开始认真比较啦,只要看见一个优于前面所有人的面试者,便选定她!利用这样的策略,博士选到"♯1"的可能性是 36%,大于 1/3。这个概率比起前面所举的几种情况的概率 1/100、6/100 等大多了。

　　相亲问题的策略还可以因不同情况有不同的修改。比如说,也许博士会换另一种思路考虑这个问题。他想,为什么一定只考虑"♯1"的概率呢?实际上,"♯2"也不一定比"♯1"差多少啊。于是,他便将原来的方法进行了一点点修改。

　　他一开始的策略和原来一样,首先忽略掉 $r-1$ 个应试者。然后从第 r 个应试者开始考察、比较、挑选,等候出现比之前应试者都好的临时第一名。不过,在第 r 个人之后,如果这个临时第一名久久不露面的话,博士便设置了另外一个数字 s,从第 s 个应试者开始,既考虑"♯1",也考虑"♯2"。

　　我们仍然可以使用与选择第一佳丽的策略时所用的类似的分析方法,首先推导出用此策略选出"♯1"或"♯2"的离散形式的概率 $P(r,s)$[31]。这时候的概率是两个变量 r 和 s 的函数。然后,也利用之前的方法,将这个概率函数写成一个两变量的连续函数。为此,我们假设从离散变量 r、s 到连续变量 x、y 的变换公式为

$$x=\frac{r}{n}, \quad y=\frac{s}{n} \tag{3-5-2}$$

然后,考虑 n 趋近于无穷大的情形,可以得到相应的连续概率函数为

$$P(x,y)=2x\ln\frac{y}{x}-x(y-x)+2x-2xy \tag{3-5-3}$$

$$\frac{\partial p}{\partial x}=0, \quad \frac{\partial p}{\partial y}=0 \tag{3-5-4}$$

　　式(3-5-3)是两个变量的函数,其函数随 x 和 y 的变化可用一个三维空间中的二维曲面表示,如图 3-5-4 所示。求这个函数的极值,可以令 $P(x,y)$ 对 x 和 y 的偏导数为 0,见式(3-5-4)。解出上面的方程便能得到这种新策略下相亲问题的解:当 $x=0.347$,$y=0.667$ 时,概率函数 $P(x,y)$ 有极大值,等于 0.574。

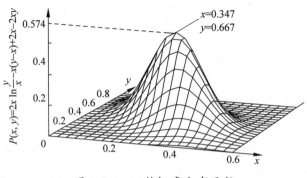

图 3-5-4   二维概率分布函数

将上面的数值应用到博士相亲的具体情况，即 $n=100$ 时，可以得到 $r=35$，$s=67$。以上的 r 和 s 是四舍五入的结果，因为它们必须是整数。因此，博士如果采取这种"选择♯1或♯2"的策略的话，他成功的概率大约是 57%，比"选择♯1"的成功概率(36/100)又高出了许多。这个结果充分体现了数学的威力。

第 4 章 趣谈"熵"

物理学家们将概率和统计应用于包含大量粒子的系统,由此促成了统计物理的发展。其中,熵的概念具有尤其重要的地位。熵的名称首先来自热力学,我们的故事便从一位早逝的天才开始……

1. 从卡诺谈起——天妒英才

人类历史上早逝的科学家不少。虽然他们二三十岁便匆匆离世,却在短短的有生之年,爆发出照耀数百年的生命光辉,如彗星一瞬,似昙花一现,不由得令人扼腕叹息。

挪威数学家阿贝尔在 27 岁时因贫病交加而去世,法国数学家伽罗瓦在 21 岁时死于一次决斗。这两位少年天才都是群论的先驱者,他们令人瞩目的工作为数学领域开创了一片崭新的天地,也影响和促进了其他学科的发展。他们创建的群论如今已成为理论物理学中必不可缺的数学概念。

物理学中也有几位早逝的开创者,他们在物理学的不同领域树立起了伟大的丰碑。

德国物理学家海因里希・赫兹(Heinrich Hertz,1857—1894)被誉为"电磁波之父",却于 37 岁死于败血症。他证实了电磁波的存在。

被誉为"热力学之父"的卡诺,则是在 36 岁时英年早逝的。

热是什么? 如今的初中学生就能回答:"热是能量的一种形式。"然而,科学家们得到这个结论,却经历了漫长的过程。人类对冷热的感觉和认识由来已久,对"热动力"的最早利用,甚至可以追溯到公元之前。比如中国古代发明的许多玩具,就是用"热"来产生所需的动力。秦朝就有的蟠螭灯,灯燃气流,鳞甲皆动；之后发展成"走马灯"，车马人流，旋转如飞，那么这两种灯的动力从哪儿来？它们便是利用冷热空气的对流而产生的。唐代出现的烟火类玩物、宋朝的"火箭"，都是利用燃料燃烧向后喷射产生的反作用力，以推动物体朝前发射而"上天"，当之无愧地成为近代航天技术最原始的"老祖宗"。

西方古代也有此类"热学老祖宗"级别的贡献，比如世界上第一台蒸汽机的雏形便是古希腊数学家希罗于 1 世纪发明的汽转球。1000 多年之后，经过 17世纪几位物理学家研究出模型，英国人瓦特在 1769 年进行了关键性的改进，继而引发和促成了轰轰烈烈的第一次工业革命。

随着当年的"热动力"在工程技术方面的大量应用，热机的效率问题被提了出来。这个难题使卡诺走上了热机理论研究的道路，成为解决此问题的先驱。

尼古拉·卡诺(Nicolas Carnot，1796—1832)是法国的一个青年工程师，出生于法国大革命以及拿破仑夺权的动乱年代。卡诺的父亲既是一位活跃的政治家，又是一位对机械和热力学颇有研究的科学家。卡诺的父亲曾经在政府中身居要职，但晚年被流放国外，病死他乡。这一切对卡诺影响巨大。父亲教给他科学知识，使年轻的卡诺兼具有理论才能和实验技巧。但父亲政治上的厄运也给他的性格和生活蒙上了一层阴影，以至于他的好友罗贝林(Robelin)在法国《百科评论》杂志上这样描述他："卡诺孤独地生活、凄凉地死去，他的著作无人阅读，无人承认。"

卡诺留给后世唯一的著作是《论火的动力》，虽然他生前在弟弟的帮助下用法文自费出版，但没有引起学界的重视，无人阅读，卖出不多就绝版了。几年后卡诺不幸罹患猩红热，并转为脑炎，后来又染上了流行性霍乱而被夺去了生命。霍乱是可怕的传染病，死者的遗物，包括卡诺的大量尚未发表的研究论文手稿，全部被付之一炬。在卡诺去世两年之后，他的书才有了第一个认真阅读的读者，那是比卡诺小 3 岁的巴黎理工学院的校友克拉贝隆。克拉贝隆发表了论文介绍卡诺的理论，并用自己的 $p\text{-}V$ 图的方式来解释它，见图 4-1-1。后来研究热力学的两位物理学家：开尔文和克劳修斯，听说过卡诺，却找不到卡诺的原始著作，还是通过克拉贝隆的介绍文章，才知道卡诺的热机理论。

卡诺将热机做功的过程总结成包括两个等温过程和两个绝热过程的卡诺循环，即提出了由绝热膨胀、等温压缩、绝热压缩和等温膨胀 4 个步骤构成的

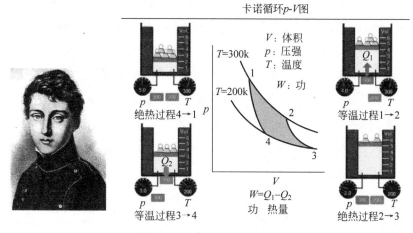

图 4-1-1 卡诺和卡诺循环

"理想热机",如图 4-1-1 右图所示。所谓"理想"的意思是假设卡诺循环是一个可逆循环,而实际上的热机过程是不可逆的。卡诺的理论如今说起来再简单不过,但在当年抓住了热机的本质,因而成为热力学的第一块奠基石。因此,当今的热力学教科书中仍然会介绍卡诺循环和卡诺定理。

卡诺的工作可归结于三方面:

(1)卡诺第一个指出,热机必须工作于两个不同的温度之间,热机的效率是温度差的函数。卡诺得到这个结果是延续了父亲过去研究水力机的思路。父亲认为"水力机能产生的最大能量与落差有关",这个想法启发卡诺得到"蒸汽机能得到的最大能量与温度差有关"的结论。虽然他尚未得出热机效率与温差的正确关系,但这个思路将人们改进热机效率的努力引导到正确理性的方向,从此有了理论模型,不再像过去那样盲目地试验,从而避免了浪费经费去制造许多粗糙复杂的机器,对工业革命的发展起了重要的推动作用。

(2)卡诺的理论是在"热质说"的基础上做出的,那是当时物理界对热现象的解释,认为热是一种类似物质的东西,从高温物体流向低温物体。卡诺相信热质说是因为上面所说的,他将"热流"与水流类比。不过,卡诺在菲涅耳的影响下,逐渐有了抛弃"热质说"的思想,菲涅耳将热与光类比,认为两者都是物质粒子振动的结果。卡诺认为热机是从高温热源 T_1 吸取热量 Q_1,然后向低温热源 T_2 释放热量 Q_2,而热机对外所做的功则为:$W=Q_1-Q_2$,这里已经暗指热

99

量与功是相当的,可以互相转换。卡诺甚至还计算出了热功当量的值,他计算出热功当量为 3.7J/cal,比焦耳的工作超前近 20 年。因此可以说,当时的卡诺已开始考虑能量守恒与转化的问题,几乎走到了热力学第一定律的边缘。

(3) 提出了卡诺定理:"所有工作在同温热源与同温冷源之间的热机,可逆热机的效率最高。"卡诺定理实质上可以看作热力学第二定律的理论来源。

根据上面所述,可以看出卡诺对热力学做出了不凡的贡献。他不仅解决了热机效率的工程问题,而且开创了热力学这门物理新学科。如果不是他英年早逝的话,则很有可能是最早提出热力学第一定律、第二定律的人。

2. "熵"——热力学中闪亮登场

熵不是一个人人皆知的名词,却是物理学上很重要、很基本的概念。它诞生于热力学,但它的定义和意义被扩展到与热力学,甚至与物理学都完全不相干的领域,比如生物学和信息学。

这还得从熵的诞生地——热力学说起。1824 年,卡诺证明了卡诺定理,不仅导出了热机效率的最上限,推动了工业革命中对热机的研究和改良,而且也包含了热力学第一定律和第二定律的基本思想,开创了物理学中的一片新天地。此后,德国物理学家和数学家鲁道夫·克劳修斯(Rudolf Clausius,1822—1888)于 1850 年在他的《论热的移动力及可能由此得出的热定律》论文中,重新明确地陈述了这两个热力学定律。

热力学第一定律所述的是热能和机械能及其他能量的等效性,也就是在热力学中的能量守恒和转化规律。英国物理学家詹姆斯·焦耳(James Joule,1818—1889)做了很多热学相关的实验,研究过热、功与温度间的关系。焦耳在实验中观察到,通过搅拌液体等方式对液体做机械功,能使液体的温度上升,这说明机械能可以转化为热能,焦耳还对转换比值进行了精确的测量。

因此,克劳修斯在 1850 年的论文里,基于焦耳的实验,否定了热质论,并以焦耳确定的热功当量值为基础,提出了物体具有"内能"的概念,第一次明确地表述了热力学第一定律:在一切由热产生功,或者由功转化为热的情况中,两者的总数量不变。热力学第一定律否定了当时某些人试图制造第一类永动机(即不消耗能量做功的机械)的设想。

克劳修斯深刻地认识到,反映能量守恒的热力学第一定律还不能完全囊括卡诺定理的精髓。卡诺循环包括两个等温过程和两个绝热过程,绝热过程没有热量交换。两个等温过程:一个从高温热源 T_1 吸取热量 Q_1;另一个向低温热源 T_2 释放热量 Q_2。系统对外所做的功

$$W = Q_1 - Q_2 \qquad (4\text{-}2\text{-}1)$$

这个等式用数学形式表达了能量守恒,即热力学第一定律:热量的损失与对外所做的功在数量上相等。但是"热能"仍然有其与众不同的特点。如果我们分析卡诺热机的效率:

$$\begin{aligned}\eta_{可逆} &= W/Q_1 = (Q_1 - Q_2)/Q_1 \\ &= 1 - Q_2/Q_1 = 1 - T_2/T_1\end{aligned} \qquad (4\text{-}2\text{-}2)$$

便会发现,热机的效率不可能达到 1,因为从高温热源吸取的热量 Q_1 中,只有一部分的热能 $Q_1 - Q_2$ 转化成了有用的功,另一部分做不了功的热量 Q_2 被释放到了低温热源。卡诺热机是可逆的效率最高的理想热机,而现实中的热机都是不可逆的,对于不可逆的热机,其热效率 $\eta_{不可逆}$ 比使用相同高温和低温热源的卡诺热机要更低。也就是说,各种形式的能量虽然能够互相转换,但机械能可以无条件地全部转换成热(使气体的内能增加),热能却不能无条件地全部转换为机械能。如果要求系统返回到原来的状态,热能只能部分地转换成机械能。

此外,根据我们的日常经验,热只能自发地从高温物体传递到低温物体。如果想要将热从低温物体到高温物体,必须要消耗其他的某种动力,外界需要对系统做功,这是制冷机的工作原理。因此,克劳修斯由上述想法得到了热力学第二定律的"克劳修斯表述方式":不可能把热量从低温物体传递到高温物体而不产生其他影响。热力学第二定律说明了第二类永动机是不可能的。

另一位英国物理学家开尔文(Kelvin,1824—1907),几乎同时研究了热力学第二定律并用另一种说法表述出来,即"开尔文表述方式":不可能从单一热源吸收能量,使之完全变为有用功而不产生其他影响。

可以证明,热力学第二定律的这两种表述是完全等价的。

然而,克劳修斯还在继续思考:应该如何从数学上表述热力学第二定律?

利用实验中测量的热功当量数值，可以将机械能与热能互相转换，因此热力学第一定律可以用能量守恒表达成一个数学等式，如式(4-2-1)。那么，是否也有某种守恒量与热力学第二定律相关呢？

克劳修斯在深入研究卡诺循环的过程中，发现有一个物理量：热量与温度的比值(Q/T)，表现出某种有趣的性质。

从计算卡诺热机效率的公式(4-2-2)得到：$Q_2/Q_1 = T_2/T_1$，稍做运算，并将释放的热量 Q_1 看作是负值，式(4-2-2)可以进一步写成：

$$Q_2/T_2 + Q_1/T_1 = 0 \qquad (4\text{-}2\text{-}3)$$

或者说，当系统按照卡诺循环绕一圈之后，Q/T 的总和保持为 0。于是，克劳修斯由此定义了一个新的物理量($S = Q/T$)。因为 S 在经过可逆循环后返回到原来的数值，所以应该可以被定义为系统的状态的函数，简称态函数。热力学中所谓的态函数，是指宏观函数值的变化只与始态和终态有关，与所经过的路径无关。这里的"始态"和"终态"都是指热平衡态。系统一旦达到热平衡，它的态函数便具有固定的值，无论这个状态是经过可逆过程到达的，还是经过不可逆过程到达的。热力学第一定律中涉及的"内能"U 也是一种宏观态函数。对简单的系统，宏观态函数还有压强 p、体积 V、温度 T 等，这些态函数不一定互相独立。比如说，理想气体构成的系统，可以任意选取两个宏观物理量作为独立变量(如 p 和 V，或者 T 和 S)，其他态函数便被表示成两个独立变量的函数。

克劳修斯惊喜地发现，根据 $S = Q/T$(或写成增量的形式：$\mathrm{d}S = \mathrm{d}(Q/T)$)，所定义的态函数 S，可以从数学上来描述热力学第二定律。因为对一个孤立系统而言，如果经过可逆循环恢复到起始状态则有 $\mathrm{d}S = 0$，而对不可逆循环则有 $\mathrm{d}S > 0$。也就是说，孤立系统 S 的数值只增不减。这样的话，热力学第二定律可以用一个不等式表述：$\mathrm{d}S \geq 0$。同时，熵的数值不变或者增加，也可以用作热力学过程是可逆还是不可逆的判定标准。

那么，给 S 取个什么名字呢？克劳修斯当时认为 S 有点类似于能量但又不是能量，如果说热量 Q 是一种能量的转换的话，S 还需除以温度 T，可以算是能量的"亲戚"。再结合第二定律的物理意义，这个量似乎与"无法利用的能量"有关。于是，克劳修斯在希腊文中找了一个词来称呼 S，它的词义为"转变"，词形有点像"energy",英文则翻译成"entropy"。当这个颇有来历的名称被 1923 年到南京讲学的普朗克介绍给中国物理学家时,胡刚复教授在翻译时灵机一动,创造了一个新词汇"熵"。为什么起了这么古怪的名字呢?因为 S 是热量与温度之"商",而此物与热力学有关,因此按照中文字的结构规则,给它加上了一个"火"字旁。

现在看来,这两个给 S 取名字的人当时都小看了这个物理量的重要性和普适性。克劳修斯把它当成能量的附属品,胡刚复则认为它只与"火"有关。但无论怎样,"熵"诞生于热力学,亮相于物理世界,后来又走得远远的,来到宇宙学、黑洞物理、生物学、信息论、计算机学、生态、心理、社会、金融等领域,成为一个至今仍然令人迷惘、造成许多混乱的值得深究的科学概念。

3. "熵"——名字古怪、性情乖张

克劳修斯于 1865 年的论文中定义了"熵"[32],其中有两句名言:"宇宙的能量是恒定的""宇宙的熵趋于最大值"。

这两句话揭示了热力学中的两个(第一定律、第二定律)基本规律,当时听起来却令人丧气,特别是对那些想制造各种永动机的工程师们而言,感觉他们想象的翅膀被物理规律牢牢地捆绑住了。能量既不能增加,也不能减少,你只能将它们变来变去。而最使人感到心中不爽的就是那个古怪的"熵":它竟然将能量分成不同的等级!比如说机械能,可以全部转化成有用的功,而热能的性质就差了一大截,只有一部分有用处,别的就全被耗散和浪费掉了。在任何自发产生的物理过程中,熵只增不减,熵的增加意味着系统中的能量不断地贬值。

物理学家彭罗斯(Penrose)在 2004 年出版的《通向实在之路》(*The Road to Reality*)一书中,精辟地描述了地球和太阳、太空之间能量与熵的转换关系[33]。

彭罗斯在书中提出如下的观点:太阳不是地球的能量来源,而是"低熵"的来源。

我们经常说的一句话:"万物生长靠太阳。"所谓"生长"是什么意思呢?生物体不是孤立系统,而是一个开放系统,生命过程不是那种自发的有序退化为无序的熵增加过程。恰恰相反,它们是朝气蓬勃的、从无序走向有序的过程。

我们想要维持生命的活力，就需要尽量减少熵。这也是当年薛定谔研究"生命是什么"时的想法：要摆脱死亡，要活着，就必须想办法降低生命体中的熵值。地球上亿万生物体低熵的来源最终还得归结到太阳。地球白天从太阳得到高能的光子，到了晚上，又以红外线辐射或其他波长比较长的辐射方式，将能量返回到太空中。总的来说，目前太阳—地球间的能量交换处于一种动态平衡阶段：地球维持一个基本恒定的温度（不考虑人类滥用能源而产生的温室效应），也就是说地球每天都不停地将其从太阳获得的能量原数"奉还"给宇宙空间，如图 4-3-1 所示。

图 4-3-1　地球太阳的"熵"交换

但是，因为每个光子的能量与频率成正比，从太阳吸收的光子频率较高，因而能量更大；而由长波辐射出去的是频率更低、能量更小的光子。如果吸收的总能量与返回太空的总能量相同的话，向外辐射的光子数目将比吸收的光子数目大得多。粒子数目越多，熵就越高。由此说明，地球从太阳得到低熵的能量，以高熵的形式回归给太空。换言之，地球利用太阳降低它自身的"熵"，这就是万物生长的秘密！

上面的论点中有一段话："粒子数越多，熵越高"又应该如何解释呢？

这就涉及我们将介绍的主题：熵的统计物理解释。

统计物理起源于 19 世纪中叶，那时候，尽管牛顿力学的大厦宏伟、基础牢靠，但物理学家们却很难用牛顿的经典理论来处理工业热机所涉及的气体动力学和热力学问题。分子和原子的理论也是刚刚开始建立起来，学界迷雾重重，不同观点争论不休。那么热力学方面的宏观现象是否可以用微观粒子的动力学理论来解释呢? 这方面研究的代表人物是奥地利物理学家玻尔兹曼和建立电磁场理论的英国人詹姆斯·麦克斯韦(James Maxwell,1831—1879)。

玻尔兹曼从统计物理的角度,特别研究了熵。他的基碑上没有碑文,而是镌刻着玻尔兹曼熵的计算公式(图 4-3-2)。

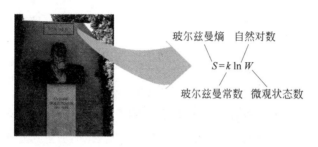

图 4-3-2　玻尔兹曼熵

如果用现在常见的符号表示,即 $S=k_B \ln W$,这里的 $k_B=1.38×10^{-23} J/K$,是玻尔兹曼常数,其量纲正好等于(能量/温度)。将温度和能量联系起来,也符合我们在前面介绍的热力学熵定义: 能量和温度之商。公式的后面一项是以 e 为底的对数,对数函数中的 W 是宏观状态中所包含的微观状态数,描述了宏观(热力学)与微观(统计)的关联。我们可以暂不考虑常数 k_B,因为在统计力学的意义上,我们只对 $\ln W$ 一项感兴趣。

上述的玻尔兹曼熵公式便可解释"粒子数越多,熵越高"的道理。因为粒子数越多,包含的微观状态数 W 便越大。比如说,举个最简单的例子,用正反面不同(但出现的概率相同)的硬币来代表"粒子",一个硬币可能的状态数为 $W=2$(正和反),两个硬币可能的状态数 W 增加为 4(正正、正反、反正、反反),W 越大,$\ln W$ 也大,显然验证了"粒子数越多,熵越高"的事实。

考虑硬币数目继续增多的情况,比如考虑 50 个硬币互不重叠平铺在一个盘子里的各种可能性。假设我们的视力不足以分辨硬币两面的图案,因而也不知道盘中"正""反"面的详细分布情况,所有的图像看起来都是一样的,因此我们简单地用"$n=50$"来定义这个宏观状态,即 n 是硬币系统唯一的"宏观参数"。但是,如果用显微镜一看,便发现对应于同一个宏观参数,可以有许多种正反分布不同的微观结构,从微观结构的总数 $W=2^{50}$ 可知,该宏观系统的熵正比于粒

子数 $n(n=50)$。

数学家为我们提供了一个简单的工具：用"状态空间"来表示上文中所说的"许多种不同的微观状态"。在状态空间中，每一种微观态对应于一个点。比如说，一个硬币（$n=1$）的情况，正反两个状态可以用一维线上的两个点来表示；两个硬币（$n=2$）的 4 个状态可表示为二维空间中的 4 个点。不过，当 $n=50$ 时，状态空间的维数增加到了 50！50 枚硬币正反面分布的各种可能微观状态得用 50 维空间中的 2^{50} 个点表示。

总结以上的分析，熵是什么呢？熵是微观状态空间某集合中所包含的点的数目之对数，这些点对应于一个同样的宏观态（n）。

硬币例子只是用以解释什么是状态数的简单比喻。实际物理系统的状态数依赖于系统的具体情况而定。热力学考虑的是宏观物理量，也就是说把系统作为一个整体时（不管它的内部结构）测量到的热物理量，比如对理想气体而言，有压强 p、体积 V、温度 T、熵 S、内能 U 等。统计物理则考虑微观物理量，即考虑系统的物质构成成分（分子、原子、晶格、场等）。19 世纪 70 年代，分子原子论才刚刚被接受时，玻尔兹曼便超前地用分子的经典运动来解释热力学系统的宏观现象，遇到不少阻力，这点以后再谈。

仍旧以理想气体为例，按照统计力学的观点，温度 T 是系统达到热平衡时候分子运动平均动能的度量，即等于系统中每个自由度的能量；内能 U 只与温度 T 有关，所以也仅为分子平均动能的函数。上一节中给出的热力学熵（克劳修斯熵），是总能量与温度的比值，而系统的温度可以理解为每个自由度的能量，由此可得，熵等于微观自由度的数目。这个结论符合统计熵（玻尔兹曼熵）的定义，说明克劳修斯熵和玻尔兹曼熵是等价的。

对理想气体而言，硬币例子中的状态空间应该代之以分子运动的"相空间"。相空间的维数是多大？如果考虑的是单原子分子，每个分子的状态由它的位置（三维）和动量（三维）决定，有 6 个自由度，n 个分子便有 $6n$ 个自由度。如果是双原子分子，那么还要加上 3 个转动自由度。

与硬币的离散状态空间有所不同，经典热力学和统计物理使用的相空间是连续变量的空间。因此，熵是相空间中某个相关"体积"的对数，这个相关体积中的点对应于同样的宏观态。

微观状态数是一个无量纲的量,与状态空间或者相空间是多少维并没有什么关系,在硬币的例子中,无论 $n=1,2$ 或 50,得到的状态数都只是一个整数而已。而在连续变量的情况下,所谓相空间中的体积,实际上可以是线元的长度或者面积,或者是高维空间的"体积"。这是抽去了具体应用条件的"熵"的数学模型,反映了熵的统计本质。

4. 时间之矢贯穿宇宙

孤立系统中的熵只增不减,此为熵增加原理,或热力学第二定律。这是物理学中科学地描述"时间箭头"的理论,熵值的增加赋予了时间箭头精确的物理意义。

时间有箭头吗? 这个问题的答案是显而易见的。中国人说:时光一去不复返,光阴似箭、日月如梭,时间的脚步从不停止,也不会倒流。小到日常生活,大到宇宙模型,时间单方向流逝的例子数不胜数(图 4-4-1)。比如没有谁看见过古人从坟墓里爬出来、老年人返老还童的咄咄怪事,这些事实都说明了时间是不可逆的,只往一个方向前进。牛顿是一个伟人,但他的经典力学定律中却没有反映出时间"不可逆"这个物理本质。牛顿方程与时间流逝的方向无关,正向和逆向都照样成立。不仅仅是牛顿力学,在爱因斯坦的相对论及薛定谔等人的量子论中,也都没有包含时间的箭头。

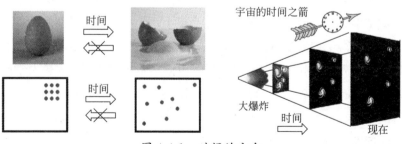

图 4-4-1　时间的方向

时间箭头有什么意义呢? 时间之矢与因果律有关,如果时间既能前进又能倒退的话,会导致许多因果颠倒、逻辑矛盾的不合理事件。因此,在牛顿力学及相对论的情形下,由于时间方向并没有自然地被反映到方程中,科学家们往往会人为地定义一个时间方向，以避免发生违背因果及逻辑规律的现象。而热力学第二定律的理论框架在方程中包括了时间箭头，因而能支持宏观世界中随处可见的"演化"现象。

统计物理的目的是从微观规律出发，来解释热力学中的宏观性质。描述微观世界的基本物理定律（如牛顿定律、薛定谔方程等）是可逆的，意味着方程中没有时间箭头，但它们如何造就了宏观现象中的时间方向性？不可逆过程的本质是什么？如何回答这些问题，至今仍是热门的研究课题。

当年的玻尔兹曼试图用经典力学来整合热力学。1872 年，他构造了一个随时间而减少的 H 函数，得到了一个时间不可逆的演化方程，即玻尔兹曼方程。这似乎使得热力学第二定律在微观层次上得到了解释。然而后来，多位物理学家对 H 函数提出了疑问，事实上，玻尔兹曼在构造 H 函数的时候引入了所谓"分子混沌"假定，根据这个假定，分子在碰撞前后是不对称的，因而隐含了时间的不对称性。此外，彭加勒的回归定律给予玻尔兹曼最致命的打击，指出微观运动的可回归性，证明了玻尔兹曼的 H 函数经过一段时间也会回到其初始值，而不会始终保持单向性的减少趋势。这些质疑使得玻尔兹曼陷入极度的困境和痛苦之中，最后他悲剧性地退却了，只好将热力学的真正解释求助于概率论：熵增加定律的本质是概率论的，事物总是趋向其最大概率状态。

尽管从统计物理的角度尚未彻底解释时间箭头的来源，但时间的单向性是公认的事实。生物学中，生物的进化和生物个体的生老病死，只朝一个方向发展。宇宙学中也有时间箭头，有人认为它来自宇宙大爆炸这一初始条件。宇宙空间的膨胀使得电磁波呈现向外扩散的趋势而不是朝着波源收缩，虽然收缩波也满足同样的方程。换言之，这就形成了电磁学的时间箭头，从热力学时间箭头、宇宙时间箭头、电磁时间箭头，又派生出信息论和生物学的时间箭头。

时间是什么？空间是什么？深刻探索时间和空间的物理本质，是解决物理学中疑难问题，包括时间箭头问题的关键。

在宇宙时间箭头的问题上，当代两位物理学家兼宇宙学家霍金和彭罗斯进行了激烈的哲学争论。大多数物理学家，包括霍金，认为宇宙具有一个统一的时间箭头，并倾向于以宇宙大爆炸作为时间箭头的本原，而宇宙中其他具体物质系统的时间方向性都由宇宙大爆炸这个时间箭头派生。而另一些物理学家认为,每个系统都有它自己的时间之箭,与宇宙的膨胀和收缩全然无关,也与热力学的时间之箭无关。彭罗斯等提出了一种宇宙反复轮回的假设,从一次大爆炸到另一次大爆炸;从单调枯燥的极低熵的特殊状态,爆发成多样化的极高熵的常规状态且不断膨胀的新宇宙。

霍金和彭罗斯都是早期黑洞研究的专家,在黑洞视界附近,或者在大爆炸的宇宙"奇点"附近,时间的概念变得异常玄妙,难以理解。因此,对黑洞物理、黑洞热力学的研究也许将有助于探索时间的本质问题。

经典广义相对论的黑洞只有简单的"三根毛",而热力学意义上的黑洞则具有熵,也就是说微观上具有信息的不确定度,这点是由惠勒的学生贝肯斯坦发现的。当时,便是彭罗斯及霍金这两位物理学家的工作给了贝肯斯坦启迪。

彭罗斯设想了一个"彭罗斯过程",发现在一定的条件下可以从黑洞中提取能量。霍金则从数学上证明了,如果两个黑洞合而为一,合并后的黑洞面积不会小于原先两个黑洞面积之和。这个黑洞视界总面积不会减少的结论太类似"熵不会减少"的热力学第二定律了!贝肯斯坦由此猜想黑洞的熵应该与视界面积成正比。

贝肯斯坦的黑洞熵概念使得"熵增加原理"对黑洞仍然成立,比如说,当你扔进黑洞一些物质,例如倒进一杯茶之后,黑洞获得了质量,黑洞的面积是和质量成正比的,质量增加使得面积增加,因而熵也增加了。黑洞熵的增加抵消了被扔进去的茶水的熵的丢失。

贝肯斯坦的黑洞熵可以参考图 4-4-2 来粗略地理解。

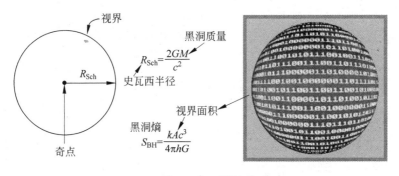

视界

黑洞质量

$$R_{\text{Sch}} = \frac{2GM}{c^2}$$

史瓦西半径

R_{Sch}

视界面积

黑洞熵

$$S_{\text{BH}} = \frac{kAc^3}{4\pi hG}$$

奇点

图 4-4-2　黑洞熵

霍金进行了一系列的计算,最后承认了贝肯斯坦"表面积即熵"的观念,提出了著名的霍金辐射。然而,因为对一般情况下的黑洞,计算出来的温度值非常低,大大低于宇宙中微波背景辐射所对应的温度值(2.75K),所以不太可能在宇宙空间中观测到霍金辐射。不过,从以上公式可知,黑洞的温度与黑洞质量 M 成反比,故而有可能在宇宙大爆炸初期产生的微型黑洞中观测到霍金辐射。

黑洞包含时空的奇点,是广义相对论理论应用到极致的产物,而黑洞的热力学又涉及量子理论,因此,黑洞提供了一个探索时空本质,继而研究时间箭头的最佳场所。

2015 年,激光干涉引力波天文台(LIGO)接收到了黑洞合并事件产生的引力波,更让物理学家们感觉黑洞热力学方面的理论设想有了付诸实践验证的可能性。

5. 伊辛(或易辛)模型及应用

伊辛模型(图 4-5-1)是一个简单有效的统计物理模型,因研究铁磁性的相变而提出,但其应用之广泛远超铁磁甚至物理的范围,在自然界、社会学、人工神经网络系统中,都展示了其巨大的应用潜力。这个简单的模型以一位生平鲜为人知的物理学家命名。

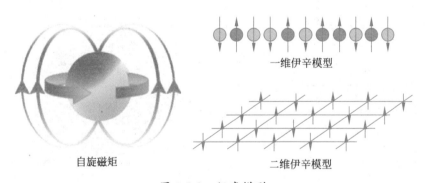

自旋磁矩　　一维伊辛模型　　二维伊辛模型

图 4-5-1　伊辛模型

恩斯特·伊辛（Ernst Ising）1900 年出生于德国科隆，于 98 岁高龄在美国伊利诺伊州去世。一生以教学为主，科研文章不多，伊辛模型是他于 1925 年就读汉堡大学，在威尔海姆·椤次（Wilhelm Lenz）教授指导下所做的博士论文课题[34]。

伊辛模型的提出是为了解释铁磁物质的相变，即磁铁在温度变化时会出现磁性消失（或重现）的现象。该模型假设铁磁物质是由一堆规则排列、只有上下两个自旋方向的小磁针构成，相邻的小磁针之间通过能量约束发生相互作用，同时又由于温度参数决定的环境热噪声的干扰而发生磁性（上下）的随机转变。温度越高，随机涨落干扰越强，小磁针越容易发生无序而剧烈的状态转变，从而让上下两个方向的磁性相互抵消，整个系统磁性消失。如果温度很低，则小磁针相对宁静，系统处于能量约束高的状态，大量的小磁针方向一致，铁磁系统展现出磁性。当时，伊辛仅仅对一维的伊辛模型进行求解，做出了该模型在一维下的严格解，不过并没有自发磁化相变现象的发生，因此没有得到更多物理学家的关注。随后，著名的统计物理学家拉斯·翁萨格（Lars Onsager）于 1944 年对二维的伊辛模型进行解析求解，发现了二维伊辛模型中的相变现象，才引起了更多学者的注意。至今仍未找到被学术界公认的三维伊辛模型的精确解。因为三维伊辛模型存在拓扑学的结构问题，有人认为无法解出三维伊辛模型的精确解。

伊辛模型可以看作是一个马尔可夫链，因为下一刻状态的转移概率只和目前状态有关。由于该模型的高度抽象，人们可以很容易地将它应用到其他领域之中，包括股票市场、政治选择等。例如，伊辛模型可视为选民模型的一种。人们将小磁针比喻为村落中的村民，而将小磁针上、下的两种状态比喻成个体所具备的两种政治观点，比如对两个不同党派候选人的选举意愿。相邻小磁针之间的相互作用则被比喻成村民之间观点的影响。环境温度可比喻成新闻媒体、舆论对每个村民意见的影响程度。这样，整个伊辛模型就可以模拟村落中不同政治见解的动态演化过程。另外如果用小磁针比喻神经元细胞，向上、向下的状态比喻成神经元的激活与抑制，小磁针的相互作用比喻成神经元之间的信号传导，那么伊辛模型便可以用来模拟神经网络系统，用于机器学习领域。因为应用广泛，所以每年差不多有上千篇论文研究这一模型。

6. 麦克斯韦妖

据说剑桥大学某位物理学家有一次恭维爱因斯坦说："你站在了牛顿的肩上。"爱因斯坦却回答："不,我是站在麦克斯韦的肩上!"爱因斯坦的回答十分中肯,也确切地表达了他的物理思路和兴趣所在都是跟踪麦克斯韦的足迹。爱因斯坦的主要成就:两个相对论中,狭义相对论显然是为了解决麦克斯韦电磁理论与经典力学的矛盾才得以建立的,而广义相对论则是前面思想的延续。从爱因斯坦在 1905 年发表的另一篇关于布朗运动的文章,可以看出他也热衷于麦克斯韦曾经致力研究过的分子运动理论。

麦克斯韦虽然只活了 48 岁,但对物理学做出了划时代的贡献。在提出了著名的经典电磁理论之后,从 1865 年开始,麦克斯韦便将研究方向转向了热力学。麦克斯韦注意到克劳修斯在分子运动论上的开创性工作,并且对数学界高斯等人建立的概率理论极感兴趣,因此将概率和统计方法应用于热力学,试图从分子的微观运动机制来阐述热力学的宏观规律。麦克斯韦以分子之间的弹性碰撞为基本出发点,旗开得胜,率先得到了十分重要的麦克斯韦速度分布律。

如今,我们使用现代统计物理的知识,有多种方法推导出麦克斯韦分布。比如说,根据熵增加原理,忽略量子效应,加上概率归一化以及系统平均能量与温度有关这两个约束条件,不难得出系统中分子的运动将符合麦克斯韦分布。此外,玻尔兹曼将这个规律推广到存在势能的情形,故而被后人称为麦克斯韦-玻尔兹曼分布,加之麦克斯韦对电磁理论的巨大贡献,使人们忽略了他在统计物理中也起了不可忽视的先锋作用。

麦克斯韦早年研究气体动力学理论,支持"气体的绝对温度是粒子动能的测量"的观点,但认为在一定温度 T 下,所有分子的动能并不是一个单一固定的数值,而是符合统计分布的规律,即如图 4-6-1 所示的分布曲线。虽然任何单个粒子的速度都因为与其他粒子的碰撞而不断变化。然而,对大量粒子来说,处于一个特定的速度范围的粒子所占的比例却几乎不变,麦克斯韦分布便描述了系统处于平衡态时的分布情况。系统的温度越高,曲线(和顶峰)越往右边速度高的区域移动,并且最大值降低,但分布曲线下面所包括的面积不变(=1),以符合所有概率之和为 1 的要求。

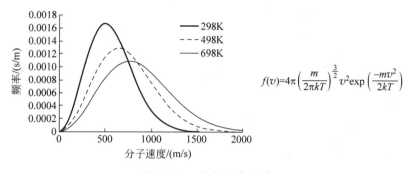

$$f(v)=4\pi\left(\frac{m}{2\pi kT}\right)^{\frac{3}{2}}v^2\exp\left(\frac{-mv^2}{2kT}\right)$$

图 4-6-1 麦克斯韦分布

麦克斯韦分布与热力学第二定律相符合,假设将温度不等的两个系统相接触,通过碰撞,快速移动的分子会将能量传递给缓慢移动的分子,最后达到温度在两者之间的新平衡态。

1865 年,热力学奠基人之一的克劳修斯把熵增加原理应用于无限宇宙从而提出"热寂说",麦克斯韦从概率统计的角度认真思考这个假说,意识到大自然中必然有某种适合于如宇宙这种"开放系统"的机制,使得系统在某些条件下,貌似"违反了"热力学第二定律。但当时的麦克斯韦对此问题还说不出个所以然,于是便诙谐地设想了一种"小妖精",即著名的"麦克斯韦妖"(Maxwell's demon)[35]。麦克斯韦假想这种智能小生物能探测并控制单个分子的运动,如图 4-6-2 所示,"小妖精"掌握和控制着高温系统和低温系统之间的分子通道。

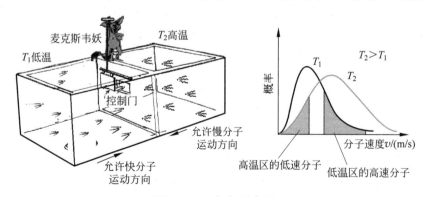

彩图 4-6-2

图 4-6-2 麦克斯韦妖

当年麦克斯韦的假想"妖"利用了分子运动速度的统计分布性质。根据麦克斯韦分布，即使是低温区，也有不少快分子；高温区中也有不少慢分子。如果真有一个能够控制分子运动的"小妖精"，在两个区的中间设置一个门，只允许快分子从低温往高温运动，而慢分子则从高温往低温运动。在"小妖精"的这种管理方式下，两边的温差会逐渐加大，高温区的温度会越来越高，低温区的温度则越来越低。"小妖精"造成的温度差是否可以用来对外做功呢？这个想法有点像是第二类"永动机"的翻版。

由于上述原因，有人认为麦克斯韦妖是现代非平衡态统计中耗散理论的雏形。也许可以对麦克斯韦妖做如此高标准的诠释，但并不见得是麦克斯韦当年假想这个"妖"时的初衷。历史地看，麦克斯韦在 1867 年第一次提出麦克斯韦妖时说："这证明第二定律只具有统计的确定性"，这表明麦克斯韦是想借此来说明熵增加原理是系统的统计规律。麦克斯韦认为，第二定律描述的不是单个分子的运动行为，而是大量分子表现的统计规律。就统计规律而言，热量只能从温度高的区域流向温度低的区域。但是就个别分子而言，温度低的区域的快分子完全可能自发地跑向温度高的区域。

这个"小妖精"困惑了物理学家将近 150 年，一直不停地有学者对其进行研究。

有一位并不广为人知的匈牙利犹太人利奥·希拉德（Leó Szilárd，1898—1964），便是研究者之一。希拉德实际上是一个颇有创意的物理学家和发明家，他在 1933 年构思核连锁反应，促成了原子弹研发的成功，并与恩里科·费米共同获得了核反应堆的专利。此外，他还构思了电子显微镜以及粒子加速器等。但因为他的这些构思并没有在学术期刊上发表，所以这些"诺贝尔奖级别"的贡献最后都归入了他人的名下。希拉德研究热力学"小妖精"，于 1929 年根据与麦克斯韦类似的想法，不管麦克斯韦当年的"统计"初衷，构造了一个只管理"一个"分子的"简化妖精系统"。

如图 4-6-3 所示，希拉德在他的博士论文设想的思想实验中，让麦克斯韦妖操控一个单分子热机。"小妖精"通过测量，了解分子所处的位置是在左侧还是右侧。如果结果是左侧，则在系统的左边通过一根细绳连接一个重物，单个分子气体经历一个等温过程，通过从环境吸热而膨胀，并提升重物做功；如果结果是右侧,则将重物悬挂于系统的右边经历同样过程而做功。

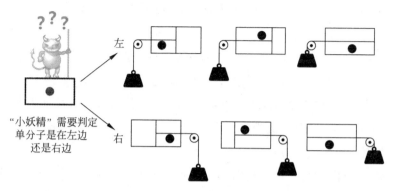

图 4-6-3　希拉德的单分子引擎

不考虑"小妖精"的测量过程,这个模型像是一个违背热力学第二定律的永动机。使得熵减少的永动机当然是不可能的,希拉德认为问题正是出在"测量"上。"小妖精"进行测量的目的是获得信息,即在每次完成循环恢复系统原状的过程中至少需要获得二进制中一个比特的信息。信息的获取需要付出代价,就是使周边环境的熵增加。因此,系统"热熵"($k_B T \times \lg 2$)的减少是来自"小妖精"测量过程中"信息熵"($\lg 2$)的增加。系统总熵值因而也增加,热力学第二定律仍然成立。

难能可贵的是,希拉德通过对单分子引擎(二元系统)的分析,第一次认识到"信息熵""二进制"等概念。追溯历史,香农于 1948 年才提出信息论,而希拉德的工作却是在 1929 年完成的,显然那时他已经有了许多模糊的想法,第一次认识到信息的物理本质,将信息与能量消耗联系起来。

1961 年,美国 IBM 公司的物理学家罗夫·兰道尔(Rolf Landauer,1927—1999)提出并证明了兰道尔原理,即计算机在删除信息的过程中会对环境释放出极少的热量。从"熵"的角度看待这个问题,一个随机二元变量的熵是 1 比特,具有固定数值时的熵为 0,消除信息的结果使得这个二元系统的熵从 0 增加到 1 比特,必然有电能转换成了热能被释放到环境中,这也是计算机不断发热的原因。该热量的数值与环境温度成正比,删除信息的过程中电能转变成热能是不可逆的热力学过程,因而计算机通过计算而散发热量的过程也是不可逆的。

不过，兰道尔又进一步设想：是否可以通过改进电路或算法来减少信息删除，从而减少热量的释放呢？由此他提出了"可逆计算"的概念，并和他在 IBM 的同事贝内特一起进行研究。所谓可逆计算，就是通过恢复和重新利用丢失的数据来尽量减少计算机的能耗。贝内特（Bennett）是量子计算与量子信息领域的计算机专家，他展示了如何通过可逆计算来避免消耗能量，并在 1981 年发表的论文中表明，不耗散能量的"麦克斯韦妖"不存在，并且，这种耗散是发生在"妖"对上一个判断"记忆"的消除过程中。"遗忘"需要以消耗能量为代价，这个过程是逻辑不可逆的。

历经 150 年的"麦克斯韦妖"妖风不断，理论物理学家们用这个思想实验深入思考热力学的统计意义，实验物理学家则利用现代的高超实验技术在实验室里研究它。

第一个对此做实验研究的是得州大学奥斯汀分校的马克·雷曾（Mark Raizen）小组，他们使用激光将原子密闭于磁性陷阱中，原子受到的平均势场，即所谓光学势，充当麦克斯韦妖的角色，以控制原子的移动方向，对冷原子和热原子进行排序。2012 年，德国奥格斯堡大学的埃里克·鲁兹（Eric Lutz）和他的同事，用实验验证兰道尔的信息擦除原理，根据实验结果得出信息的消除具体需要多少能量，证明了兰道尔的理论确实是正确的。

第5章　趣谈信息熵

薛定谔有句名言："生物体赖负熵为生"，约翰·惠勒说过："万物皆比特（信息）"……物理学家们早就预言了"熵"与世界万物的联系，但最后是信息之父克劳德·香农（Claude Shannon，1916—2001）将这个概念从物理扩展到了信息世界……

1. "熵"——信息世界大显身手

玻尔兹曼熵的表达式 $S = k_B \ln W$ 中，W 对应于同一个宏观态中微观态的数目，或相空间的体积，但这个定义中有一些含糊之处。

首先，"同一个宏观态"是什么意思？无论宏观态是一种人为的约定，还是依赖测量技术来定义的，似乎都不是一个完全固定而清晰的概念。因此，人们可能产生下面的疑问：熵与测量技术有关吗？熵是绝对的还是相对的？我们对这些问题不深入探究，暂且将玻尔兹曼熵对应的宏观态理解为微观能量相同的状态。由此我们可以继续假设，对于一个确定的能量 E_i，每一种可能的微观构形是等概率的（P_i），这样，玻尔兹曼熵的公式可以表示为概率的形式：$S_i = -C(E_i) \ln(1/P_i)$。公式中的比例系数 C 是能量的函数。如果考虑系统中存在不止一个能量值，而是多个微观能量值 $E = E_1, E_2, \cdots$，那么玻尔兹曼熵公式需要做点修改。1878 年，美国物理学家约西亚·吉布斯（Josiah Gibbs，1839—1903）将熵写成下面的表达式：

$$S_{\text{吉布斯熵}} = -k_B \sum_i p_i(E_i) \ln p_i(E_i) \tag{5-1-1}$$

吉布斯推导出的熵公式（5-1-1）将熵的定义扩展到能量不唯一确定的系统，即非平衡态系统，使得熵成为非平衡态统计研究中最基本的物理概念，此是后话，暂且不提。1948 年，美国数学家克劳德·香农建立信息论，提出了信息熵的概念[36]。

$$S_{信息熵} = -\sum_i p_i \log_2 p_i \tag{5-1-2}$$

首先比较信息熵公式(5-1-2)和统计熵公式(5-1-1)有何异同点。第一，k_B 是玻尔兹曼常数，信息熵当然不予考虑。第二，p_i 是概率，在吉布斯熵中表示一定能量的微观态出现的概率，信息熵中将它推广到信息论中描述某信息的随机变量的概率。第三，式(5-1-1)中的对数以 e 为底，式(5-1-2)中以 2 为底，这点没有本质区别，两种熵定义中的对数都能以任何实数为底，得到的单位不一样而已，自然对数得到的单位是 nat，以 2 为底时得到的单位是 bit(比特)。

所以，式(5-1-1)和式(5-1-2)的形式是完全一样的。由此，有些人便认为两种熵没有区别，也有人将热力学的熵从信息熵中"推导"出来。实际上，两种熵的确有同样的数学基础，许多概念和结论都可以互相借用、彼此对应。统计物理中也包含了若干与"信息"相关的内容。但两者各有各的物理意义和应用范围，不能完全等同。

为了理解信息熵，首先要明白，什么是信息？

这既是一个古老的问题，又是一个现代的问题，也是一个迄今为止仍然众说纷纭、悬而未决的问题，特别是在社会所认可的广义信息的层面上。

你要是问："什么是信息？"人人都能列出一大串他称之为"信息"的东西：新闻、消息、音乐、图片……然而如果问："信息是什么？"那就难以回答了。因为你可以说"音乐是信息"，但你不能说"信息是音乐"；你可以说"照片是信息"，但你不能说"信息是照片。"要给信息下个定义是不容易的，"信息"的定义需要从许多具体信息表现形式中抽象出它们的共性来。

中国古人理解的信息其实很简单，正如李清照的名句中所述："不乞隋珠与和璧，只乞乡关新信息。"看来这只是通俗意义上的"音讯"或"消息"而已。

现代人比较考究，注重科学。因而会思考：信息到底是什么？信息是主观的还是客观的？是相对的还是绝对的？

例如，北京下暴雨，你将这个消息用电话告知你在南京的两个朋友，可是 A 说他早知此事，而 B 原来并不知晓。因此，这条消息对 A 来说，没有增加任何信息，对 B 来说就增加了信息。B 抱着的小狗虽然也听见了电话中的声音，但它不懂人类的语言,这对它来说不是信息。

信息是模糊的还是精确的?

走到树林里,艳阳高照、和风习习、桃红李白、燕飞鸟鸣,大自然传递给我们许多信息,这些算是没有精确度量过的、模糊的信息。

信息和"知识"是一码事吗?应该也不是。众所周知,我们的信息化社会虽然充满了信息,但其中"鱼龙混杂、良莠不齐",以至于大家都希望自己的孩子不要整天沉迷于网络,许多人抱怨:"信息虽发达,知识却贫乏。"所以,信息并不等同于知识!

文学家、哲学家、社会学家……各家各派都对"信息"有不同的理解和说法。其中,物理学家们是如何理解和定义信息的呢?

物理学家们的研究对象是物质和物质的运动,即物质和能量。在他们看来,信息是什么呢?是否能归类于这两个他们所熟悉的概念呢?

信息显然不是物质,它应该是物质的一种属性,听起来和能量有些类似,但它显然也不是能量。物理学中的能量早就有其精确的、可度量的定义,它衡量的是物体(物质)做功的本领。信息与这种"功"似乎无直接关联。当然,我们知道,信息是很有用的,个人和社会都可以利用信息来产生价值,这不又有点类似于"做功"了吗?对此,物理学家仍然摇头:不一样啊,这说的好像是精神上的价值。

信息属于精神范畴吗?那也不对啊,在科学家们的眼中,信息仍然是一种独立于人类的主观精神世界、客观存在的东西。因此,到了最后,有人便宣称:

"组成我们的客观世界,有三大基本要素:除物质和能量之外,还有信息。"

美国学者、哈佛大学的 A. G. 欧廷格(A. G. Oettinger)对这三大基本要素作了精辟的诠释:"没有物质,什么都不存在;没有能量,什么都不会发生;没有信息,什么都没有意义。"

尽管对"信息是什么?"的问题难有定论,但通过与物理学中定义的物质和能量相类比,科学家们恍然大悟:信息的概念如此混乱,可能是因为我们没有给它一个定量的描述。科学理论需要物理量的量化,量化后才能建立数学模型。如果我们能将"信息"量化,问题可能就会好办多了!

于是,在 20 世纪 40 年代后期,一个年轻的科学家,后来被人誉为信息和数字通信之父的香农，登上了科学技术的历史舞台。

香农有两大贡献：一是信息理论、信息熵的概念；二是符号逻辑和开关理论。香农的信息论为明确什么是信息量的概念，做出了决定性的贡献。

其实香农并不是给信息量化的第一人，巨人也得站在前人的肩膀上。1928 年，R. V. H. 哈利(R. V. H. Harley)就曾建议用 $N \lg D$ 这个量表示信息量。1949 年，控制论创始人维纳将度量信息的概念引向热力学。1948 年，香农认为，信息是对事物运动状态或存在方式的不确定性的描述，并把哈利的公式扩大到概率 p_i 不同的情况，得到了信息量的公式，为我们创立了信息论，定义了"信息"的科学意义，成为"信息之父"！

• 信息量

暂且不追究"信息"的严格定义，我们讨论一下下面 5 个句子所代表的信息量：

"小妹读书"；

"小妹今天读书"；

"我的小妹今天读书"；

"我的小妹今天去学校读书"；

"我的小妹今天去城北的中文学校图书馆读老子的书"……

很容易看出，上述文字表达的信息显然是有"多少"之分的。比如说，几个句子中，从前到后代表了越来越多的信息，即每个句子包含的信息量显然是越来越大。这里所说的语句包含的"信息量"，是基于人们通常理解的直观语义。那么，又如何按照香农的信息熵公式(5-1-2)来理解信息并定义信息量呢？

所谓信息熵，在通俗意义上可以被粗糙地理解为"信息"中包含的信息量。我们仍然以抛硬币和掷骰子的简单情形为例来解释信息熵公式(5-1-2)。

抛硬币的结果是一个双值随机变量，如果硬币的两面匀称但图案不同，正反面出现的概率完全相等，各为 1/2，那么按式(5-1-2)计算的结果：$S_{匀称硬币} = (2 \times 0.5) \times (-\log_2(1/2)) = 1$ 比特。

掷立方体骰子的结果也是一个随机变量，骰子有 6 个面，所以该随机变量

的取值范围可记为 A、B、C、D、E、F。如果是公平骰子，6 个面出现的概率相等，每一个面出现的概率都是（$p=1/6$），则有：$S_{匀称骰子} = \sum_{i=1}^{6} p_i(-\log_2(p)) = \log_2 6 > 2$ 比特。

抛硬币和掷骰子例子中的（$-\log_2(p_i)$）项，可以看成"结果为某一个面"这个事件所携带的信息量。因为概率 p_i 总是小于 1，使得信息量恒为正值。从这两个例子，还可以发现一个有趣的事实：抛硬币得正面的概率为 1/2，大于掷骰子时得到"A"的概率 1/6；但是，前者的信息量为 1 比特，却小于后者之信息量（多于 2 比特）。也就是说，概率越小的事件包含的信息量反而越大。这句话乍一听感觉怪怪的，不过，用刚才有关小妹读书的几个句子对照一下，便发现果然如此。最后一句包括的信息量比第一句多多了，"我的小妹今天去城北的中文学校图书馆读老子的书"发生的概率显然要比"小妹读书"发生的概率小得多，由此验证了"概率小，信息量大"这个原理！

如果硬币不是制造得那么对称，那么两个面出现的概率就不一样，比如说，"正"的概率为 0.99，"反"的概率仅为 0.01。如果将这样的硬币抛来抛去，那么你会看到绝大多数情况都是"正"面，你将感觉十分无趣。突然，出现了一次"反"面，你会由于少见多怪而感到惊喜，因为它给了你更多的信息：这枚硬币的确是有正反两面的！这说明比较不可能发生的事情，当它真正发生了，能提供更多的信息。

• 信息熵

抛硬币或掷骰子的例子虽然简单，但也能说明不少问题。如果要精确计算像"小妹读书"这个例子中的一句话所包括的信息量就要复杂得多。句子中的每一个字出现的概率有所不同，一句话中所有字的概率以一定方式组合起来，决定了这句话出现的概率。于是，香农给出的公式（5-1-2），不仅仅针对语言句子，而是针对一般的所谓"信息源"，用随机变量中所有可能事件信息量的平均值，来度量这个随机变量"信源"的信息，称为"信息熵"，也叫信源熵、自信息熵等。前面计算而得的 $S_{匀称硬币}$ 和 $S_{匀称骰子}$，都是信息熵。

计算信息熵的公式（5-1-2）可以推广到连续取值的随机变量，只需将式(5-1-2)中的求和符号代之以积分，并且用 $p(x)$ 取代 p_i 即可，这里 $p(x)$ 是信源的事件样本的概率分布。

所谓通信，就是信息的传输过程，简单地说包括信源（发出）、信道（传送）、信宿（接收）三个要素。比如说，老林收到小张一条微信消息，小张发出的消息可看作信源，微信是信道，老林接收到消息是信宿。香农的信息熵，不仅可以描述信源，也能描述信道的容量，即传输能力，香农的理论将通信问题从经验转变为科学。

上面所举的"小妹读书"的语言例子，容易使人从"语义"上来理解传递的信息量。这种理解基于人们的经验，或许与信息量有点关系，但不能完全等同于通信工程方面所说的信息量。就科学而言，上例中每句话的信息熵是可以从每个字的信息量严格用公式计算出来，与那几句话就语义做出的判断完全是两回事。比如说，工程上计算中文、英文信息熵的方法便与日常所谓的"语义"无关，英语计算中不是用单词，而是用字母，虽然单个汉字有字义，但单个英文字母往往没有任何语义。

英语有 26 个字母（没计算空格），假如每个字母使用时出现的概率相同，那么每个字母的信息量应该为：信息量（1 个英语字母）＝$(-\log_2(p_{英文}))$＝$-\log_2(1/26)$＝4.7 比特。

汉字的数目则大多了，常用的就有约 2500 个，假如每个汉字出现概率相同的话，那么每个汉字的信息量为：信息量（1 个汉字）＝$(-\log_2(p_{汉字}))$＝$-\log_2(1/2500)$＝11.3 比特。

以上计算的英文字母信息量和汉字信息量都是假设所有元素出现概率相同的情况，但这点完全不符合事实，英文中 26 个字母各有各的概率，中文的几千个字出现的概率也大不相同。所以，如果想要计算一段话的信息熵，就必须知道其中每个字的概率以后才能计算。尽管不知道"小妹读书"例子中每个汉字的概率，但后面的每一句话几乎包含了前一句话中的所有的"字"，从这一点可以判定，那 5 句话的信息熵，的确是一个比一个大。

从上面的计算可知，对平均概率分布而言，一个英文字母的信息量为 4.7 比特，一个中文字的信息量约为 11.3 比特，这是什么意思呢？设想有一本书，分别有英文版和中文版，并且两个版本都没有废话，表达的信息总量完全相等。

那么,显然,中文版的汉字数应该少于英文版的字母数,不知道这算不算汉字的优点,但显然从英文翻译而来的中文书,页数的确要少一些。

香农的理论以概率论为工具,所以信息熵更是概率论意义上的熵。统计力学也用概率论,在描述不确定性这一点上是一致的,但统计和热力学的熵更强调宏观的微观解释,以及熵表达的时间不可逆等物理意义。统计物理中的熵是系统的状态量,大多数情况下不用作传递量,而信息论中很多情况将熵用作传递量,似乎更容易混淆。

2. "熵"——品类繁多、个个逞强

• 自信息熵、条件熵、联合熵、互信息

香农根据概率取对数后的平均值定义信息熵。如果只有一个随机变量,比如一个信息源,则定义的是源的自信息熵。如果有多个随机变量,则可以定义它们的条件概率、联合概率等,相对应地,也就有了条件熵、联合熵、互信息等,它们之间的关系如图 5-2-1 所示。

比如说,最简单的情况,只有两个随机变量 X 和 Y。如果它们互相独立的话,那就只是将它们看成两个互相不影响的随机变量而已,在这种情形下,图 5-2-1(a)中的两个圆圈没有交集,变量 X 和 Y 分别有自己的自信息熵 $H(X)$ 和 $H(Y)$。如果两个变量互相关联,则两个圆圈交叉的情况可以描述关联程度的多少。图 5-2-1 中的条件熵 $H(X|Y)$ 表示的是,在给定随机变量 Y 的条件下,X 的平均信息量;相类似地,条件熵 $H(Y|X)$ 是随机变量 X 在给定的条件下 Y 的平均信息量。联合熵 $H(X,Y)$,则是两个变量 X、Y 同时出现(比如同时丢硬币和骰子)的信息熵,也就是描述这一对随机变量同时发生,所需要的平均信息量。图 5-2-1 中两个圆的交叉部分 $I(X;Y)$ 被称为互信息,是两个变量互相依赖程度的量度,或者可看作两个随机变量共享的信息量。

信息论中的熵通常用大写字母 H 表示,如图 5-2-1 中的 $H(X)$、$H(Y)$、$H(X|Y)$、$H(Y|X)$ 等,但互信息通常被表示为 $I(X;Y)$,不用字母 H。其原因是它不是直接从概率函数的平均值所导出,而是首先被表示为"概率比值"的平均值。从图 5-2-1(b)的公式可见,联合熵是联合概率的平均值,条件熵是条

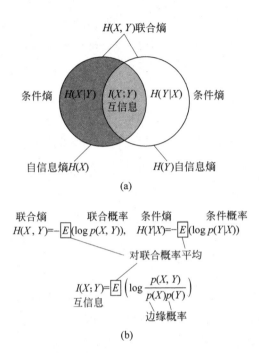

(a)

联合熵　　联合概率　　条件熵　　条件概率
$$H(X, Y)=-\boxed{E}(\log p(X, Y)),\quad H(Y|X)=-\boxed{E}(\log p(Y|X))$$
对联合概率平均

$$I(X;Y)=\boxed{E}\left(\log \frac{p(X, Y)}{p(X)p(Y)}\right)$$
互信息　　　　　　　　　边缘概率

(b)

图 5-2-1　自信息熵、条件熵、联合熵和互信息之间的关系

件概率的平均值,互信息则是"联合概率除以两个边缘概率"的平均值。

　　直观地说,熵是随机变量不确定度的量度,条件熵 $H(X|Y)$ 是给定 Y 之后, X 的剩余不确定度的量度。联合熵是 X 和 Y 一起出现时,不确定度的量度。互信息 $I(X;Y)$ 是给定 Y 之后, X 不确定性减少的程度。

　　互信息的概念在信息论中占有核心的地位,可以用于衡量信道的传输能力。

　　如图 5-2-2 所示,信源(左)发出的信息通过信道(中)传给信宿(右)。信源发出的信号和信宿收到的信号,是两个不同的随机变量,分别记作 X 和 Y。信宿收到的 Y 与信源发出的 X 之间的关系不外乎两种可能:独立或相关。如果 Y 和 X 独立,说明信道中外界因素的干扰造成信息完全损失了,这时候的互信息 $I(X;Y)=0$,接收到的信息完全不确定,是通信中最糟糕的情况。如果互信息 $I(X;Y)$ 不等于 0,存在如图 5-2-2 中所示的重叠部分,表明不确定性减少了。图 5-2-2 中两个圆重叠部分越大,互信息越大,表明信息丢失越少,噪声越小。如果 Y 和 X 完全相互依赖，那么它们的互信息最大，等于它们各自的自信息熵。

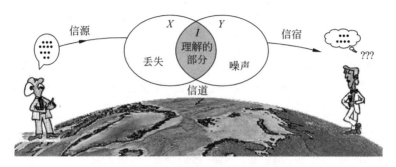

图 5-2-2　信息传输过程中的互信息

互信息在本质上也是一种熵，可以表示为两个随机变量 X 和 Y 相对于它们的联合熵的相对熵。相对熵又被称为互熵、交叉熵、KL 散度等。

首先，对一个随机变量 X，如果有两个概率函数 $p(x)$、$q(x)$，相对熵被定义为

$$D(p \parallel q) = \sum_{i=1}^{n} p(x) \lg \frac{p(x)}{q(x)}$$

在互信息的情形，如图 5-2-1(b) 的 $I(X;Y)$ 表达式，被两个随机变量 X 和 Y 定义，也可看成相对熵，在一定程度上，可以看成两个随机变量距离的度量。

两个随机变量的互信息不同于概率论中常用的相关系数。相关系数表示两个随机变量的线性依赖关系，而互信息描述一般的依赖关系。相关系数一般只用于数值变量，互信息可用于更广泛的包括以符号表示的随机变量。

3. 老鼠和毒药问题

有不少数学趣题与信息熵有关，首先介绍一个"老鼠和毒药"的问题。

有 100 只一模一样的瓶子，编号为 1～100。其中有 99 瓶是水，有 1 瓶是看起来像水的毒药。只要老鼠喝下一小口毒药，一天后就会死亡。现在，你有 7 只老鼠和 1 天的时间，如何检验出哪个号码瓶里有毒药？

我们把该问题叫作"问题1"，解决此题的方法可谓二进制应用的经典：

首先，将瓶子的十进制编号数改成7位的二进制码。然后，让第一只老鼠喝所有二进制码第一位是1的瓶子中的水；让第二只老鼠喝所有二进制码第二位是1的瓶子中的水……以此类推下去。这样，每个老鼠第二天的死活情况就决定了毒水瓶子二进制码这一位的数字：老鼠死，对应1，反之为0。换言之，将7只老鼠死活情况排成一排。比如说结果是"死活死死活活死"的话，毒水瓶子的二进制标签就是：1011001，转换成十进制，得到89。

这道题可以有很多种在各个参数方向的扩张和一般化，每种情况的解都能够研究一段时间。比如，如果我们把题目稍加变化，成为"问题2"：

有100只一模一样的瓶子，编号为1～100。其中有99瓶是水，有1瓶是看起来像水的毒药。只要老鼠喝下一小口毒药，1天后死亡。现在，给你2天的时间，请你告诉我，你至少需要多少只老鼠，才能检验出哪个号码瓶里是毒药。

与原来的题目比较，会发现这个题目有两个变化：一是给你的时间多了1天。因为老鼠喝毒药1天之后将死去，2天意味着你可以做两次实验，这给了你一个额外的时间维（实验次数），有可能让你用更少数目的老鼠，达到同样的目的。二是提问的方式。这次的问题是：你至少需要多少只老鼠？回答这类问题，是只要估计一个下限就可以。对你来说，做实验的小白鼠多多益善，但你的老板要花钱买它们，他得考虑经济效益。如何制定合理方案呢？这时候，信息论便能派得上一点用场。

所谓用信息论，实际上完全用不上信息论的任何高深理论，用的只不过是香农定义的计算信息量（熵）的公式而已。用牛刀杀鸡虽然太大，但用它锋利的小尖开个小口也未尝不可。感谢香农，他在定量研究的科学领域中，将原来模模糊糊的信息概念，天才地给予了量化，使我们在解数学问题时也能牛刀小试。

不仅仅是这道题，还有后面将介绍的"称球问题"，都是能用此"牛刀"而有所受益的。实际上，笔者认为，许多数学问题的解决，都能和信息这把"牛刀"沾上边。因为从信息的角度来分析某些问题，可以使你登高望远，对问题能有更深层的理解，更容易融合各学科，达到借他山之石而攻玉的效果。

科学（不仅限于数学）上的大多数研究，说穿了也就是一个处理"信息"的过程。摈弃无用的信息,想办法得到正确有用的信息,用以消除原来问题中的不确定性,得到更为确定的科学规律。

根据香农的信息概念,信息能消除不确定性,而我们在解决数学题的时候,也是要消除不确定性,得到确定的答案。并不仅仅是"老鼠问题"如此,大多数问题或多或少是一个"消除不确定性"的过程。因此,我们可以借用香农的工具,研究我们的问题有多少不确定性。也就是说,研究一下需要多少信息量才能解决问题。另外,根据题目所限制的手段,最多能够得到多少信息量。有无可能完全解决这个问题。

具体到老鼠和毒药的问题。在 100 瓶液体中有 1 瓶有毒,那么每 1 瓶有毒的概率是 $1/100$,这时候要确定毒药瓶子所需的信息量 $H=-(p_1 \lg p_1 + p_2 \lg p_2 + \cdots + p_{100} \lg p_{100})$。因为所有的瓶子完全相同,所以这是一个等概率问题,$p_1 = p_2 = \cdots = p_{100} = 1/100$。得到 $H = -\lg(1/100)$。

下面计算从老鼠能得到的信息量。

首先考虑"问题 1",即给定时间为 1 天的情况。1 天后,每只老鼠或死或活,因此能够提供 1 比特的信息,7 只老鼠则能提供 7 比特的信息。

再看看刚才列出的确定毒药瓶所需的信息量 H 的公式:

$$H = -\lg(1/100) < -\lg(1/128) = 7 \text{ 比特}。$$

因此,"问题 1"应该可以解决,这个可能性是信息论提供给我们的。实际上,应该不仅仅是可能性,这种计算信息量比特数的方法能启发我们的思维。在解题时,学习别人解题的方法固然重要,而探讨别人是如何想到这种方法的,可能更为重要。比如对这个"老鼠毒药问题",如果想到二进制,此题就容易了。否则的话,好像有点束手无策之感。

我们再来讨论"问题 2"。

"问题 2"所需要的信息量 H 的计算是和"问题 1"一样的。然而,从每只老鼠能得到的信息量的计算,却可能会有所不同,因为我们还丝毫未曾谈及如何解决这个"问题 2"。

"问题 2"和"问题 1"的差别在于老鼠可以参加接连两次实验。在"问题 1"中,只能做一次实验时,老鼠有两种状态:死或活。因此它可利用的信息量是 1 比特。如果能做两次实验,两次实验中都有生死的可能性,仅就逻辑而言,老鼠有 4 种可能情况：生生、生死、死生、死死。但其中的第 3 种情形：死生，是不可能发生的，因为在第一天的实验中死了的老鼠，不可能在第二次实验后又活过来。所以我们要将第一天实验中死了的老鼠，排除在第二次实验之外。所以，对"问题 2"，老鼠有 3 种状态，每种状态的概率为 1/3。因此，从一只老鼠得到的信息量：$S = -(1/3\lg(1/3) + 1/3\lg(1/3) + 1/3\lg(1/3)) = \lg(3)$。如果将这里的对数取以 3 为底的话，那么可以说每只老鼠能得到的信息量是一个三进制位。

有多少只老鼠才能使总信息量大于 $\lg(100)$ 呢？

解方程：$k \times \lg(3) > \lg(100) \Rightarrow 3^k > 100$，可得到 $k \geqslant 5$。

因此，至少要 5 只老鼠，这便是"问题 2"的解。

"问题 2"已经有了答案：实验至少需要用 5 只老鼠。况且，从理论上来说，5 只老鼠能提供的最大信息量，转换到可能检验的最多瓶子数：$3^5 = 243$，已经大大地超过了 100，余量很多，实现难度应该不大。

但是无论如何，5 只老鼠到底能否判定出有毒的瓶子，还需我们想出具体的检验方案才能定论。因此，我们继续思考"问题 3"（"问题 2"的延伸）：在能做两次实验的条件下，如何找出有毒的瓶子？

沿着刚才信息量计算的思路，"问题 1"的最优答案用二进制有关的实验方法得到；"问题 2"中估计老鼠数目的下界时，用到了三进制。那么，在能做两次实验的条件下，找出有毒的瓶子的最佳方案是否与三进制有关？

试试看吧。首先，将瓶子的号码转换成 5 位的三进制。为什么是 5？5 只老鼠？对，由于同样的原因，最大的十进制号码 100 需要用"5 位的三进制"来表示。这 100 个 5 位三进制码如下：

00001，

00002，

00010，

00011，

00012，

00020，

00021，

00022，

⋮

10201

第一次实验：从左到右，让第 1 只老鼠喝所有三进制码第一位是 2 的瓶子中的水；让第二只老鼠喝所有三进制码第二位是 2 的瓶子中的水……以此类推下去。这样，每个老鼠第二天的死活情况就决定了毒水瓶子三进制码这一位的数字是不是 2：老鼠死，2；老鼠活，1 或 0。

第一次实验中死去的老鼠没有白死，它的死决定了毒水瓶三进制码的这位数字是 2！虽然这只老鼠为"2"而牺牲了，但这一位的数字也被决定了。

第一次实验中没死的老鼠没有白白地冒险，也为我们提供了信息：毒水瓶子三进制码的这一位的数字肯定不是 2！所以，我们可以将三进制码这位是 2 的瓶子去除，因为它们肯定无毒。

第二次实验：让没死的老鼠喝下所有三进制码的该位数字为 1 的瓶子中的水。每只老鼠一天后的死活情况便决定了毒水瓶子三进制码这一位的数字是 1 还是 0：老鼠死，1；老鼠活，0。

这个问题可以类推到更一般的问题：假设有 n 个瓶子，其中有 1 个瓶子中的水有毒，做实验的小白鼠喝了毒水 1 天后死去。给你 i 天的时间和 k 只老鼠。问：n 的最大值是多少？如何实验，才能检测出毒水瓶来？

答案：有 i 天的时间，你可以做 i 次试验，因为死了的老鼠不能继续试验，i 次试验后，老鼠总共的可能状态有 $(i+1)$ 个：第一次就死去、第二次死、第三次死、……、第 i 次死、一直活着。能检测的最多水瓶数 $n=(i+1)^{k}$。检测方法：将所有瓶子用 k 位的 $(i+1)$ 进制数编码，然后，遵循上面所述 $i=2$ 类似的过程，i 天之后，根据 k 个老鼠的状态，可以确定毒水瓶的 $(i+1)$ 进制数值。

通过用信息论解老鼠喝毒药的这个简单练脑题，说明了科学思维方法的重要性。

4. 称球问题

作为信息论应用于数学题的另一个例子，我们再来分析"称球"问题。

称球问题是说，用天平称 k 次，在 n 个球中找出唯一的一个重量不标准的次品球来，n 最大是多少？如何找？有关次品球的说法，通常有 3 种变形：

(1) 已知次品球的轻重；

(2) 不知次品球的轻重，找出它并确定轻重；

(3) 不需要确定"轻重"。

利用信息熵的概念，可计算出在这 3 种情形下 n 的最大值，并且帮助思考构成算法的过程：

(1) 已知次品球的轻重，这时 n 的最大值为 3^k；

(2) 不知次品球的轻重，找出它并确定轻重，这时 n 的最大值为 $(3^k-3)/2$；

(3) 不需要确定"轻重"，这时 n 的最大值为 $(3^k-1)/2$。

下面首先分析第一种问题。为解释起来更为直观，设定 $k=3$。换言之，我们的具体问题是：如何用天平称 3 次，从 27 个球中找出唯一一个稍轻的球？

在 27 个球中只有 1 个球稍轻，可能发生的情形为 27 种，每个球为次品的概率是 1/27。类似于上面所说老鼠试药的问题，要确定是"哪一只"老鼠，所需的总信息量为 lg27。

在此题中的判定手段，被限制为天平。那么，天平每称一次，最多可以提供多少信息量呢？或者是说，可以为解题消除多少不确定性？天平称一次后，有 3 种结果：左轻右重（A）、左重右轻（B）、平衡（C）。因此，称一次所消除的不确定性为 lg3。接连称 3 次后，所消除的不确定性为 $3\times\text{lg}3=\text{lg}27$。

根据刚才的分析，在这个问题中，判定轻球所需的信息量与天平称 3 次能获得的信息量刚好相等。因此，用最佳的操作方法，有可能解决这个问题。

既然从信息论做出的估算，给了我们解决问题的希望，那我们就试试看吧。

天平似乎与三进制有关，我们便首先优选三进制。将 27 个球贴上三进制码的标签：

000、001、002、010、011、012、020、021、022、

100、101、102、110、111、112、120、121、122、

200、201、202、210、211、212、220、221、222。

将三进制码中，第一位（左）为 0 的 9 个球放天平左边，第一位为 1 的 9 个球放天平右边，称 1 次。如果天平平衡，则次品球三进制码第一位是 2；如左轻右重，则第一位是 0；如左重右轻，则第一位是 1。总而言之，称这一次，确定了次

品球三进制码第一位的数字。

接下去,以此类推,逐次确定次品球三进制码各位的数字,问题得以解决。这种第一类问题不难推广到任意称 k 次的情形。

下面再分析第二类称球问题:次品球不知轻重,最后需确定轻重的情况。具体来说就是,天平称 3 次,要找出 12 个球中那个唯一的又"不知轻重"的次品球。

将两个问题对比一下,共同之处是都用天平。因此,天平称 3 次能提供的最大信息量仍然是 lg27。不同之处是如何计算找出次品球所需要的信息量。

因为现在要找出的次品球"不知轻重",所以对每个球来说,不确定性增多了,这也是能判定的球的数目大大减少了(从 27 变到 12)的原因。

现在,考虑这 12 个球,其中一个是或轻或重的次品的各种可能性。如果这个球是更轻的次品,则记为—;更重的次品,则记为十。因此,可能的次品分布情况:1十,1—,2十,2—,…,12十,12—,共 24 种情形,所需要的信息量则为 lg24。这个值小于天平称 3 次所能提供的最大值,所以,可能有解,那我们就试试看吧。

将 12 个球作如下编码:

(000十,000—)、(001十,001—)、(010十,010—)、(011十,011—)、
(100十,100—)、(101十,101—)、(110十,110—)、(111十,111—)、
(200十,200—)、(201十,201—)、(210十,210—)、(211十,211—)

这里,除抽取了部分三进制的编码之外,还给每个球贴上了(十、—)两个标签,以表明此球"或轻或重"为次品的两种可能性,也可等效于另一层编码。

然后,将第一位为 0 的 4 个球(第一行)放天平左边,第一位为 1 的 4 个球(第二行)放天平右边,称第 1 次。

(1)如果天平左轻右重,则也许是第一行中的某个球轻了,或是第二行中某球重了而造成的:000—、001—、010—、011—、100十、101十、110十、111十。

(2)反之,如果天平左重右轻,则也许是第一行中的某个球重,或是第二行中某球轻而造成的:000十、001十、010十、011十、100—、101—、110—、111—。

(3)如果天平平衡,则次品球在第三行的"毫不知轻重"的 4 个球(200、201、210、211)中。虽然是 4 个球,仍然有 8 种可能性:200十、200—、201十、201—、210十、210—、211十、211—。

前面两种情形类似,都是将次品球限制到了"半知轻重"的 8 个球中。所谓半知轻重,是因为该球有一个已经确定的附加标签(＋或－)。比如说,编码为(000－)的球是个"半知轻重"的球,而编码为(000)的球是个"毫不知轻重"的球。对(000－)来说,尽管尚未确定此球是否是次品,但有一点是明确的：如果它是次品的话,那么它只能是更轻的次品。而球(000)则有"轻次品"或"重次品"两种可能性。因此,"半知轻重"球比"毫不知轻重"的球少了一半的不确定性,判定所需的信息量也为一半。

天平不平衡的情形,问题成为"称 2 次,从 4 个半知的'轻球'及 4 个半知的'重球'中找出次品球"的问题。

为此,取 2 个轻球和 1 个重球放天平的一边,另 2 个轻球和 1 个重球放大平的另一边。称第二次之后便可将问题归为"称 1 次从 3 个半知轻重球中找出次品"的问题。

这个问题在戴维 J. C. 麦凯(David J. C. MacKay)信息论的书中[37]有叙述,借用他书中的图表(图 5-4-1),其中称球的过程说明得很清楚,所以不再赘述。

需要指出一点：在天平平衡的情形,称第二次时,需要用到称第一次后确定的标准球,即天平上的 8 个球。标准球是能够提供信息的,每个标准球在每次称量中最多能提供 1 比特的信息。

下面再对第三类称球问题稍加分析。天平称 3 次,要找出 13 个球中那个唯一的又"不知轻重"的次品球的问题。

类似于第二类问题,将 13 个球作如下编码：

(000＋,000－)、(001＋,001－)、(010＋,010－)、(011＋,011－)、

(100＋,100－)、(101＋,101－)、(110＋,110－)、(111＋,111－)、

(200＋,200－)、(201＋,201－)、(210＋,210－)、(211＋,211－)、

(222＋,222－)

与第二类问题不同的是天平平衡时的情况。这时需要从 5 个球、10 种状态中找出次品：

(200＋,200－)、(201＋,201－)、(210＋,210－)、(211＋,211－)、

(222＋,222－)

将 5 个球中的 3 个放在天平一边,3 个标准球放在另一边。天平不平衡情形

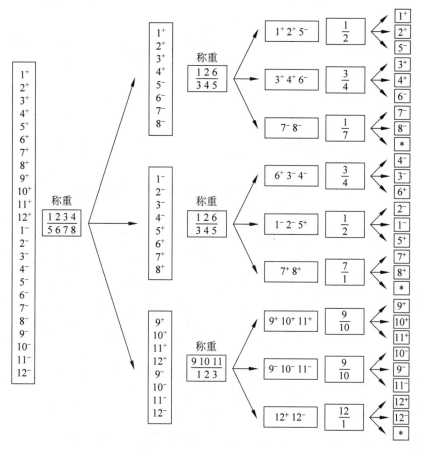

图 5-4-1　信息论和称球问题

的最后一次称法与第二类问题相同,不同的还是天平平衡时的情形。

天平平衡的情况,留下了 2 个不知轻重的球。因为我们有标准球可用,取 2 个待定球中的任何一个与标准球比较,如果不平衡,此球则为次品,并知其轻重;如果平衡,另 1 球为次品,但不能判定其轻重。

5. 不要把鸡蛋放在一个篮子里

在上面两个用信息熵方法解数学题的例子中,我们经常说:"使用最佳方案",只有使用最优化的操作方法,才能达到信息论所预期的上限。这里所说的最佳方案，与信息论中的"最大信息熵原理"有关。

　　什么是最大信息熵原理？它来自热力学及统计物理中的熵增加原理。要讲清楚这个问题需要太多篇幅，在此只作简单介绍。

　　用通俗的话来说，最大信息熵原理就是当你对一个随机过程不够了解时，你对概率分布的猜测要使得信息熵最大。熵最大就是事物可能的状态数最多，复杂程度最大。换句话说，对随机事件的预测要在满足全部约束条件下，保留各种可能性。

　　比如，你的女朋友叫你猜猜她的生日是哪一个月。如果你曾经看过她出生不久的照片，是秋天，那你可以猜测她生日是夏季的概率比较大；如果你对此完全没有概念，那你就最好是对一年中的每一个月都一视同仁，给予相同的可能性。还有一个例子是买股票投资的时候，专家会建议你买各种不同类型的股票。"不要把鸡蛋放在一个篮子里！"投资专家这样解释。这句话的意思，其实就是警告你要遵循最大熵原理，对难以预测的股票市场，最好的策略是尽可能多地保留各种可能性，才能降低预测的风险。

　　在"老鼠毒药问题"中，尽量让每只老鼠试喝相等数目瓶子的水；在称球问题中，尽可能使天平"左、右、平"的球的数目相等，这都是考虑最大信息熵原理而选择的最优策略。

● 最大熵原理

　　热力学和统计物理中有热力学第二定律，即熵增加原理，信息论中则有最大熵原理。

　　我们在日常生活中经常碰到随机变量，也就是说，结果不确定的事件，如抛硬币、掷骰子等。还有，球队 A 要与球队 B 进行一场球赛，结果或输或赢；明天的天气，或晴或雨或多云；股市中 15 家大公司的股价，半年后有可能是某个范围之内的任何数值……但是，在大多数情况下，人们并不知道随机变量的概率分布，或者说，只知道某个未知事件的部分知识而非全部，有时候往往需要根据这些片面的已知条件来猜测事件发生的概率。有时猜得准，有时猜不准，猜不准损失一点点，猜准了可能赚大钱。事件发生的随机性及不可知性，就是支持赌城的机器不停运转的赌徒心态的根源。

　　人们猜测事件发生的概率,或多或少都带有一定的主观性,每个人有他自己的一套思维方法。如果是一个"正规理性"(这个概念当然很含糊,但假设大多数人属于此类)思维的人,那么肯定首先要充分利用所有已知的条件。比如说,如果小王知道球队 A 在过去的 10 场比赛中只赢过 3 次,而球队 B 在过去的 10 场比赛赢过 5 次的话,那么他就应该将赌注下到球队 B 上。但是,小李了解到更多的消息:球队 B 的主要得力干将上个月跳槽到球队 A 来了,所以他猜这次比赛球队 A 赢的可能性更大。

　　除尽量利用已知信息外,还有没有什么其他客观一点的规律可循呢? 也就是说,对于随机事件中的未知部分,人们"会"如何猜测? 人们"应该"如何猜测? 举例说,小王准备花一笔钱买 15 家大公司的股票,如果他对这些公司一无所知,那么他选择的投资方案很可能是 15 种股票均分。如果有位行家告诉他,其中 B 公司最具潜力,其次是 G 公司,那么,他可能将更多的钱投资到 B 公司和 G 公司,其余的再均分到剩下的 13 种股票中。

　　上面的例子基本符合人们的常识,科学家却认识到其中可能隐藏着某种大自然的玄机。大自然最玄妙的规律之一是最小作用量原理,就是说凡事讲究最优化。统计规律中的随机变量也可能遵循某种极值规律。

　　如上所述,随机变量的信息熵与变量的概率分布曲线对应。那么,随机变量遵循的极值规律也许与熵有关! 信息熵来自热力学熵,信息熵的"不确定程度的度量"也可以用来解释热力学熵。当然,热力学中(物理中)不确定性的来源有多种多样,必须一个一个具体分析。经典牛顿力学是确定的,但是,我们无法知道和跟踪尺寸太小的微观粒子的情况,这点带来了不确定性。其原因也许是测量技术使我们无法跟踪,也许是粒子数太多而无法跟踪,也有可能是我们主观上懒得跟踪、不屑于跟踪。反正就是不跟踪,即"不确定"! 如果考虑量子力学,还有不确定性原理,那种非隐变量式的为爱因斯坦所反对的本质上的不确定。即使是牛顿力学,也存在由初始条件的细微偏差而造成的"混沌现象"、蝴蝶效应式的不确定。此外,还有一种因为数学上对无穷概念的理解而产生的不确定。

　　总之,物理中的熵也能被理解为对不确定性的度量,物理中有熵增加原理,一切孤立物理系统的时间演化总是趋向于熵值最大,朝着最混乱的方向发展。

那么，熵增加原理是否意味着最混乱的状态是客观事物最可能出现的状态？从信息论的角度看，熵最大意味着什么呢？1957 年，美国华盛顿大学圣路易斯分校的物理学家 E. T. 杰恩斯（E. T. Jaynes）研究该问题，并提出信息熵的最大熵原理，其主要思想可以用于解决上述例子中对随机变量概率的猜测：如果我们只掌握关于分布的部分知识，应该选取符合这些知识，但熵值最大的概率分布。因为符合已知条件的概率分布一般有好几个，熵最大的那一个是我们可以做出的最符合客观情况的一种选择。杰恩斯从数学上证明了：对随机事件的所有预测中，熵最大的预测出现的概率占绝对优势。

接下来的问题是：什么样的分布熵值最大？对完全未知的离散变量而言，等概率事件（均衡分布）的熵最大。这就是小王选择均分投资 15 种股票的原因，不偏不倚地每种股票都买一点，这样才能保留全部的不确定性，将风险降到最小。

如果不是对某随机事件完全无知的话，可以将已知的因素作为约束条件，同样可以使用最大熵原理得到合适的概率分布，用数学模型来描述就是求解约束条件下的极值问题。问题的解当然与约束条件有关。数学家们从一些常见的约束条件得到几个统计学中著名的典型分布，如高斯分布、伽马分布、指数分布等。因此，这些自然界中的常见分布，实际上都是最大熵原理的特殊情况。最大熵理论再一次说明了造物主的"智慧"，也见证了"熵"这个物理量的威力！

第6章 趣谈互联网中的概率

互联网与概率有什么关系呢？实际上，互联网是一种巨大的随机网络。随机网络的意思是说，这种网络的顶点数目不固定，顶点之间是否有连线等，都是随机变化的。换言之，随机网络的顶点数及连线规则都不是固定不变的，而是以一定概率出现的随机变量。随机网络并不限于互联网，还有如今因其而诞生的各种社交网，诸如微信、脸书、推特等，甚至可以扩展到一般的社团、学校等大大小小的人际关系网。在某种意义上，这些都可用随机网络作为数学模型。

下面，我们首先介绍巨大随机网络中的一个有趣现象……

1. 大网络中的小世界

文人们往往感叹世界之宏大，历史之久远，生命之短促和个人之渺小，这些都是不争的事实。有时候，偌大的世界会经常发生意料之外的事。比如说在远离故土的国外，你偶然与一个新交往的人聊天，却意外地发现他谈到了一个你早年在故乡的同学。这时候，你们两人可能会不约而同地脱口而出："啊，这世界还真小！"

世界到底是大还是小？这个世界到底有多大？不同的人有不同的回答：

地理学家说：地球的半径是 6370 千米，赤道的周长大约 4 万千米，这就是我们的世界。天文学家说：世界比地球大多了！地球只是宇宙中的沧海一粟，就拿太阳系为例子吧，太阳系的半径大约为 50 个天文单位，1 个天文单位大约是 1.5 亿千米，这个距离，连宇宙中最快的光都要跑 8 分钟。这还只是太阳系。你说说看，我们的整个宇宙世界有多大？

前面是科学家们的说法。信佛的人说：佛曰"一花一世界，一树一菩提"。

至于世界，自己去理解，你觉得它有多大就有多大。

闲话少说，言归正传。我们要问的是：我们的网络世界到底有多大？

谈到网络世界，也得具体指出是哪一个网络世界。就像大自然遍布各种树木和花草一样，我们的文明社会也交织着各种网络：实在的或抽象的、有形的或无形的、技术的或人文的、历史的或现代的。无形的网，诸如国家之间、社团之间、家庭之间、人与人之间的关系网，错综复杂、扑朔迷离。有形的网，诸如电力网、电话网、交通网、运输网，等等。

如今的互联网，可谓包罗万象，它将全世界的政治、经济、生活、文化、科学、技术、教育、医疗等方方面面，全部纠结在一起。

除了互联网，还有万维网，它们有何区别呢？简单地说，互联网包括了网络结构、硬件软件、连接方式、传递协议等多个领域的复杂知识；而万维网所指的比较单纯，说的是网页之间的联系，更符合抽象的"网络"。人与人之间也连成了各种各样大大小小的网，即人际关系网，这类网随处可见，并不依赖于互联网而存在，但互联网却扩展和强化了人际关系网。此外，互联网还将所有的关系网连接到一起，形成所谓的"地球村"。地球村中的居民，构成一个巨大的世界范围内的"人联网"。

互联网、万维网，以及社会中的各类人际关系网有一些共同的特点，本章中感兴趣的共同特点有两个：一是它们的网络结构不是固定的，而是不断变化的，具有某种随机性；二是在这些巨大的网络世界中，有一个有趣的"小世界现象"！

何谓"小世界现象"？如何来度量网络的大小？让我们先从一般网络的数学模型谈起。

2. 网络和图论

任何网络都可以抽象为一个由许多顶点和连线组成的"图"，18 世纪伟大的瑞士数学家莱昂哈德·欧拉（Leonhard Euler，1707—1783），从研究七桥问题而创造的图论，便成为构造网络世界数学模型最适用的数学工具。

图论中的"图"是由许多顶点和连线构成的，是顶点与连线的集合。比如，图 6-2-1 所示的都是图的例子。

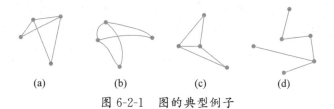

(a)　　　　(b)　　　　(c)　　　　(d)

图 6-2-1　图的典型例子

必须强调的是：图论只感兴趣于图中的"连线"如何连接"顶点"，也就是说感兴趣于图的拓扑结构，而不感兴趣它们的几何位置及形状。这样，图 6-2-1 中的 (a)、(b)、(c)其实都是等效的图，图(d)则是另一种类型。总而言之，图的定义初看简单，实际上五花八门、种类颇多。

那如何从具体网络来定义图的连线和顶点呢？对此只能具体情况具体分析。比如，像万维网这样的网络，每一个网页可以看成一个顶点，网页之间的关系是否有明显链接？可以用点与点之间有没有连线来表示。对人际关系网来说，可以将每个人当作图中的一个顶点，人与人之间的关系，比如认识或不认识，就构成图中顶点之间的连线。用"图"作为网络模型的方式不是唯一的，视研究对象而定，比如说人际关系网，可以个人为顶点，也可以一个团体（群组）作为顶点，它们的直观区别如图 6-2-2 所示。

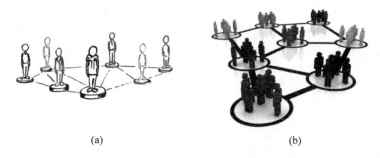

(a)　　　　　　　　　　(b)

图 6-2-2　不同类型的网络

(a) 个人为顶点构成的图；(b) 群组为顶点构成的图

人际关系网可大可小，有各种各样的连接方式，构成各种不同的图。举下面两个简单例子予以说明：一个有 200 个人做礼拜的教堂，如果这个教堂的每个做礼拜的人都互相认识，意味着任意两人之间都有 1 条连线互相到达，在图 6-2-3(a)中画出了 6 个互相认识的人所构成的图，将其推广到 200 个顶点的情形便能描述那个教堂。第二个例子是一个100人的公司,分成部门一和部门二,分别有经理 A 和物理 B。公司员工之间互相不联络,两个经理 A、B 互相联络,且分别联络自己部门的所有员工。这种情形的简化版本可用图 6-2-3(b)来描述。

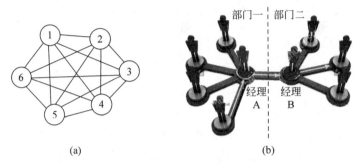

图 6-2-3　人际关系网两个例子的简化示意图

(a) 200 人的教堂中人们互相认识；(b) 100 人的公司有两个部门

前面的例子中,图的连线并无方向性。在这种网络中,人们的关系只是一种简单的"互相认识"的关系。如此构成的图,称为简单图。网络图可以有方向,比如我们考虑"我认识奥巴马,奥巴马不认识我"之类的情况,就得在网络图的连线上画上单向或双向的箭头,这样构成的图,称为有向图。

虚拟网络世界的人际关联网,如微信、电子邮件、脸书、推特,等等,所对应的是具有数亿个顶点和连线的巨大的"图",这种图已经与 200 多年前欧拉所研究的图有了本质的区别：这些巨大的图是随机的、统计的、算法的。举万维网为例,刚才说过,可以把万维网中的每个网页看作图的顶点,网页之间的链接作为图的连线。那么,根据 2016 年的资料,万维网所构成的图有超过 140 亿个顶点和几十亿条连线。并且,图的顶点和连线都不是固定的,而是每时每刻都在随机变化着,微信等社交网络连成的人际关联网也是如此。

3. 网络的大小

网络的大小也就是所对应的图的大小。在图论中,有好几个术语与图的大小有关,比如"阶"(order)指的是图的顶点数；"尺寸"(size)指的是图的连线数。

我们感兴趣的是另一个术语"图的直径"。

在几何中,直径指圆上最长的弦。在度量空间中,一个集合的直径,指这个集合中两点之间的最大距离,我们用图论中的"直径"来衡量网络世界的大小。简单地说,图论中两个顶点之间的距离被定义为其间最短路径所经过的连线的数目,而直径则与几何中类似地被定义为所有顶点间的最大距离。

图 6-3-1 用两个简单例子来直观说明"图的直径"。

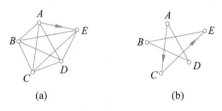

图 6-3-1 图的直径

(a) 直径为 1, A 到任何一点都只需 1 步;(b) 直径为 2, A 到 E 点需要 2 步

图 6-3-1(a)的图有 5 个顶点、10 根连线,每个点到其他任何一点都只需要 1 步,由此而得该图直径为 1。图 6-3-1(b)的图有 5 个顶点、5 根连线,每个点到其他任何一点最多需要 2 步,因此该图直径为 2。

图论中的直径概念,在人际关系的实例中,可以如此描述:人际关系网的大小,定义为任意两个人之间,最多要经过多少个关系(连线数)才能互相到达。比如,图 6-2-3(a)所示的有 200 个人做礼拜的教堂中,每个人都互相认识,意味着任意两人之间都有 1 条连线互相到达。因此,这个教堂人际关系网的"直径"是 1。而图 6-2-3(b)中有 100 个人的公司的情形下,在每个部门内部,员工之间没有直接连线,需要通过自己的部门经理才能互相联结,也就是要经过 2 条连线。而部门一的员工 C,要联系部门二的员工 D,则需通过 3 层关系:C↔A,A↔B,B↔D,3 条连线。因此,这个公司人际关系网的"直径"是 3。

从前面的几个例子不难看出,如此所定义的图的大小,并不等同于顶点数和连线数。图 6-3-1(b)的网络比图 6-3-1(a)的网络连线数更少,直径却更大。人际关系网的大小,也与网的人数无关。从人数来看,有 200 个人做礼拜的教堂大于 100 个人的公司;而从直径大小看,公司网络的直径为 3,大于教堂的网络直径 1。所以,关系网的直径所度量的,不是人的多少,而是人与人之间关系紧密的程度，连接越紧密，直径越小。

对巨大又复杂的随机网络，诸如万维网、微信这些大网所对应的巨图，我们仍然可以用与刚才类似的方式来定义它的直径(大小)。只不过，现在的数学量都应该是统计意义上的，所以，任何量的前面都应隐含地冠以"平均"二字。以万维网为例，我们说：万维网的大小(直径)定义为从一个网页到另外任意一个网页，鼠标最多需要点击次数的平均值。

那么，遍布地球、超过 140 亿个顶点和几十亿条连线的万维网的直径是多大呢？你恐怕会猜测它是一个天文数字。

出人意料的是，万维网的直径并非如万维网的网页数目那样巨大，而是大约等于 19。这个值的意思是说：从万维网的一个网页，要联结任意另一个网页，平均最多需要按 19 次鼠标。从 140 亿到 19，这便是大网络中的小世界现象！它最早是由美国微软研究者邓肯·瓦茨(Duncan Watts)和美国数学家斯蒂文·斯特罗加茨(Steven Strogatz)在 1998 年提出的。

4. 有趣的随机大网络

现在，我们将图论中直径的概念用到巨大的全世界"人联网"上。

根据世界人口统计，到 2016 年 9 月 12 日，全世界有 73.38 亿人。如果将死去的人都包括在内的话，应该是几百亿的数量级。这样一个人类大社会构成的巨大人际关系网，它的"直径"会有多大呢？研究结果更是出人意料，它的直径只等于 6，又是一个大网络中的小世界！可以用解释万维网直径类似的方法来理解这个 6。也就是说，地球上任何两个人之间，平均最多通过 6 次关联，就能互相到达。这就是所谓"六度分隔"的说法[38]。

最初有关六度分隔理论的想法，来源于一位匈牙利作家兼诗人弗里格耶斯·卡林西(Frigyes Karinthy，1887—1938)在 1929 年写的一则题为"链接"的短故事。文中他声称，任何两位素不相识的人，比如总统和一名普通工人之间，只需要很少的中间人(5 个)就可以联系起来。之后，哈佛大学心理学教授斯坦利·米尔格拉姆(Stanley Milgram，1933—1984)于 1967 年根据这个概念做过一次原创试验来测试此理论。

不过,几十年来,对这个所谓的人际联系网六度分隔理论,仍然有所争议。比如说,这个"6",是否会随着时间而变化呢? 变化的速度如何? 脸书的团队在这个变化率上有所研究(图 6-4-1)。2016 年,他们根据在脸书上注册的 15.9 亿人的资料,认为目前的"网络直径"是 3.57,但学者们对此有不同的看法。

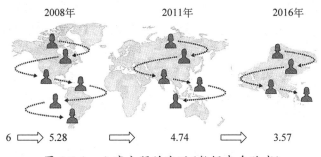

图 6-4-1　六度分隔的变迁(数据来自脸书)

除"直径"之外,还有两个有趣的特性用来表征与人际关系网大小有关的性质:那是"聚类系数"和"度分布曲线"。

聚类系数可以用来描述人际关系中的"物以类聚,人以群分"的抱团、聚类现象。

聚类系数的数值从 0 到 1 变化。用通俗的话来说,如果在一个人际关系网中,每个人所有的朋友互相都是朋友,这个网的聚类系数就是 1。反之,如果每个人的朋友互相之间全都不认识,这个网的聚类系数就是 0。因此,聚类系数越大,说明抱团抱得越紧;聚类系数越小,说明组织越松散。

对人际关系网聚类系数的研究表明,人际关系网的聚类系数是一个小于 1,但远大于 $1/N$ 的数,这里 N 是关系网的总人数。人类社会有明显的社团现象。各社团内部联系紧密,社团和社团之间,有相对少得多的连线相连,称为"弱纽带"。而正是这些弱纽带,在形成"小世界"模型上,发挥着非常强大的作用。有很多人在找工作时会体会到这种弱纽带的效果。通过弱纽带的连接,人际关系网的"直径"迅速变小,人与人之间的距离变得非常"相近"。复杂的人际关系网才会因此表现出了六度分隔的现象。

度分布曲线(图 6-4-2)则可描述人际关系中各种人物的重要程度。人际关系网中的度分布曲线,用通俗的说法,就是网中朋友数目的分布曲线 $p(k)$,这

里 k 是"朋友数"，$p(k)$ 是"朋友数"为 k 的人数。比如说，如果有一个 100 人的社团，每个成员都是完全同等重要的，每个成员都有而且只有 10 个朋友，那么除 10 之外，朋友数为别的数目$(1,2,\cdots,9,11,12,\cdots)$的概率（人数）都是 0。所以，这个人际关系网的朋友数分布曲线就是一个只在 10 这个数值处等于 100 的 δ 函数。但实际上的人类社会，显然不是一个平均同等的社会。每个人的重要性由他所处的社会位置所决定。比如说，总统、社会名流或是影视明星的社交圈要比普通人大得多。举例说，大多数的人（上亿个人）平均有 10～100 个朋友，而名人们则可能平均有多于 120 个朋友，性格孤僻的人可能平均只有几个朋友，这样的话，度分布曲线看起来是在 10～100 之间出现高峰的一条不规则的钟形曲线。

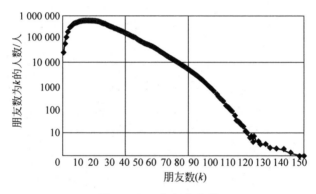

图 6-4-2　度分布曲线

第7章 趣谈人工智能的统计

人工智能的应用已经开始渗入我们的日常生活中。它近年来的成功崛起，来源于计算机速度的提升、存储量的增加、云计算的兴起、大数据时代的来临，等等。然而，还有一个关键却鲜为人知的因素：贝叶斯统计的应用。因而有人比喻说，当今的人工智能技术，部分归功于计算和统计的联姻……

1. 阿尔法狗世纪大战

美国的谷歌公司，经常出其不意地推出一款新产品来引爆舆论赚取眼球。2016 年年初，他们牵出了一条精通围棋的阿尔法狗（AlphaGo），挑战人类的顶级围棋大师李世石，并以 4∶1 的比分得胜（图 7-1-1）。之后，升级的 AlphaGo 又以"Master"的网名约战中日韩围棋大师，并取得 60 局连胜。

图 7-1-1　AlphaGo 大战围棋世界冠军李世石

AlphaGo 并不代表人工智能之巅峰，它在人机大战中取胜并不能说明机器的智力已经超过人类，但它确实将人工智能、机器学习、神经网络、深度学习、蒙特卡罗搜索等一系列专业名词抛到了普罗大众的面前，让这些科学概念进入了普通人的生活中。

其实，人工智能的成果早就悄悄地渗透进了现代人的生活，在大家的手机上就有不少的应用。比如人脸识别，这种在十几年前，对经典计算机程序而言颇为困难的技术，目前在手机上已经是司空见惯了。

就计算机的"棋艺"而言，多年前 IBM 的象棋冠军"深蓝"，与 2016 年的 AlphaGo 比较，也不能同日而语。如今看来，深蓝是一台基本只会使用穷举法的"笨机器"，犹如一个勇多谋少的冷血杀手。然而，这种穷举方法对格点数大得多的 19×19 围棋棋盘而言根本不可能，因为每走一步的可能性太多了。AlphaGo 使用的是机器学习中的"深度学习"，利用计算技术加概率论和统计推断以达到目的。说到这里，不由得使人联想到两者之间有些类似于之前我们介绍过的"频率学派和贝叶斯学派"之差异，一个基于"穷举"，另一个基于"推断"。也许这个比喻并不十分恰当，但贝叶斯的那套体系，从贝叶斯定理、贝叶斯方法，到贝叶斯网络，的确是 AlphaGo 以及其他人工智能技术的重要基础。

AlphaGo 使用的关键技术[39]叫作"多层卷积神经网络"，网络的层与层之间像瓦片一样重叠排列在一起，输入是 19×19 大小的棋局图片。如图 7-1-2 所示，第一部分是一个 13 层的监督学习（SL）策略网络，每层 192 个神经元，被用来训练了 3000 万个围棋专家的棋局，可以理解成是机器模仿人类高手的"落子选择器"。第二部分是一个 13 层的强化学习（RL）策略网络，通过自我对弈来提升 SL 策略网络，目的是调整策略网络的参数使之向赢棋的目标发展。在学习期间，策略网络每天可以自对弈 100 万盘棋之多，而人类个体一辈子也下不到 10 万盘棋，计算技术之威力可见一斑。阿尔法狗的最后部分是一个估值网络，或者说，是它的"棋局评估器"，用以预测博弈的赢者，注重于对全局形势的判断。总而言之，AlphaGO 有效地把两个策略网络、估值网络，与蒙特卡罗搜索树结合在一起，充分利用围棋专家的数据库及自我对弈和评估之策略而取胜。

最终单机版本的 AlphaGo 使用了 40 个搜索线程、48 个 CPU 和 8 个 GPU。而分布式的 AlphaGo 版本，则利用了多台计算机、40 个搜索线程、1202 个 CPU、176 个 GPU。正因为 AlphaGo 采取了新型的机器深度学习算法，充分利用了互联网的优越性，才得以挫败人类顶级选手而旗开得胜。

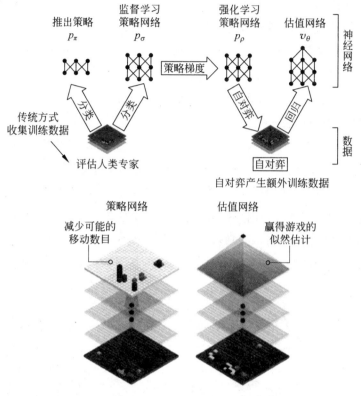

图 7-1-2　AlphaGo 算法原理图[39]

　　何谓机器学习和深度神经网络？首先，我们简要地回顾一下人工智能的历史。

2. 人工智能之三起三落

　　让机器具备智慧，像人一样思考，这是人类自古以来的梦想。从实用的观点来说，人工智能之梦可以说与现代计算机的发展同步，理论上也是起始于几位数学家的构想和研究，从 1900 年大卫·希尔伯特提出 23 个未解数学难题后，继而有哥德尔的不完全性定理、冯·诺依曼的数字计算机构形、图灵的图灵机等，都推动着计算技术的蓬勃发展。不过，企图将计算机的经典数理逻辑方法用于模拟人脑，总使人感觉有某种先天不足的缺陷，因为人脑的思维过程中有太多"模糊"的直观意识和不确定性,似乎与严密的数字计算格格不入!因此,几十年来计算技术突飞猛进并长足发展,而人工智能却三起三落广受诟病。

英国数学家艾伦·图灵(Alan Turing,1912—1954)对计算机及人工智能之贡献,在科学技术界众人皆知有目共睹。

1950年10月,图灵发表了一篇题为《计算机器与智能》的论文,设计了著名的图灵试验,通过回答一些问题来测试计算机的智力,从而判定到底是台机器,还是一个具备正常思维的真人?别小看这个谁都想得出来的简单概念,该论文当时引起了人们的极大关注,奠定了人工智能理论的基础。

图灵测试在互联网上有诸多应用,比如,举一个你经常能碰到的实例:当你注册了某个社交网站成为用户后,如果你要再次登录,会被要求识别一幅图像,类似在图7-2-1中右侧所示的那种字母或数字被变形歪曲过的图像。网站放上这种图像的目的类似一种最简单的图灵测试,鉴别你到底是机器还是人?从而预防有人编写程序来不停登录网站。

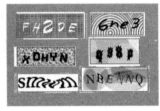

图 7-2-1　图灵测试

20世纪的六七十年代,人工智能经历了一段黄金时期,获得了井喷式的发展,有关机器推理、机器定理证明等好消息接踵而至。然而,这方面的进展很快遭遇瓶颈,还有更为令人丧气的情形发生在机器翻译等领域,可举一个简单笑话为例。计算机将下面这个英语句子:The spirit is willing but the flesh is weak.(心有余而力不足。),翻译成俄语后再翻译回英语,得到的结果是:The wine is good but the meet is spoiled.(酒是好的,肉变质了。)

诸如此类的笑话让人们当年对人工智能领域的科学家们嗤之以鼻,继之而来的是人工智能方面的项目经费大缩减。计算机技术仍然在发展,而人工智能领域却似乎进入了寒冷的冬天。

之后，又有专家系统、知识工程等人工智能方法相继问世，传统的人工智能研究者们奋力挣扎，但都未解决根本问题，其原因是什么呢？因为人们原来总是企图利用计算机的超级计算能力来实现"智能"，以为智能等于知识加计算，对计算机而言就是 CPU 的速度加硬盘容量。但事实上，人脑的运行和准确而快速的计算完全是两码事，智慧并不仅来自精准的逻辑运算，而是掺杂了许多不确定的随机因素。也就是说，人工智能的实现需要概率和统计的加盟。但是，这种"随机"的因素如何才能渗透其中呢？这些想法最后促使某些研究者回到"小孩子是如何学习的？"这一类人类认知所面对的最基本问题。

是啊，为什么不模仿人类大脑的最基本工作方式，即学习过程呢？于是，所谓人工神经网络模型，以及"机器学习"的各种算法便应运而生。众所周知的基本教育模式有两大类：一是从上到下的灌输式，二是自下而上的启发式，两者各有优劣，相互补充。利用现代启发式的教育方法，让孩子自己学习，远远胜过传统教育中仅仅将知识进行灌输的方式。那么，对待机器，我们是否也应该思考这一点呢？图灵等大师们发展起来的人工智能之路，总是希望机器要比人类更善于思考复杂的问题，解决数学难题，在某种程度上类似于采取灌输式的教育方式。而之后研究的神经网络和机器学习，便是企图让机器模仿孩子们学习的过程。话虽这么说，但事实上，最早的神经网络研究可以追溯到 1943 年计算机发明之前，那时候就已经有了类似于当前使用的单个神经元计算模型。尽管如此，神经网络研究几十年来却一直没有得到好的结果，其中有多种原因。

从 20 世纪 80 年代开始，逐渐形成了人工智能三大学派，分别企图从软件、硬件和身体这三个角度来模拟和理解智能：第一个是传统的、继承自图灵的符号学派；第二个是研究神经网络、试图从结构的角度来模拟智能的连接学派；第三个是模仿更低级智能行为的行为学派。

三大学派有同有异，时分时合，引领着坎坷的人工智能研究迈进了新的世纪，直到近 10 年来方出现了令人惊奇的大爆发。其中，几位领军人物的坚持不懈起了极大的作用（图 7-2-2）。

其中一位是人称深度学习的鼻祖杰夫·辛顿（Geoffrey Hinton），可以说没有他就没有如今如此兴旺发达的人工智能。

辛顿是计算机界和数学界赫赫有名的逻辑大师乔治·布尔的玄孙，他出生

杰夫·辛顿　　　雅恩·乐昆　　　约书亚·本吉奥　　　迈克尔·乔丹

图 7-2-2　当代人工智能奠基人

于英国，后为加拿大多伦多大学教授，最近几年任职谷歌，致力于工业界的人工智能研究开发。辛顿从七八十年代开始，就决心探索神经网络，并在这个冷门的领域里坚持耕耘三十余年无怨无悔。他研究了神经网络的反向传播算法、波尔兹曼机等，最后于 2009 年，利用深度学习技术研究语音识别取得重大突破。目前，辛顿、任职脸书的卷积网络之父雅恩·乐昆（Yann LeCun）以及加拿大蒙特利尔大学的机器学习大神约书亚·本吉奥（Yoshua Bengio）教授，被誉为当代人工智能三位主要的奠基人。

可以说，近年来人工智能研究重新兴旺发达的关键之一是来自经典计算技术和概率统计的"联姻"。如今仍然难以判定这是否就是人工智能应该走的阳关大道，但从目前几年发展趋势来看，总算是已经驱散了笼罩漫长严冬的迷雾，带来了人工智能的春天。

美国加州大学伯克利分校的迈克尔·乔丹（Michael Jordan），以促进机器学习与统计学之间的联系而知名，他推动人工智能界研究者广泛认识到贝叶斯思考方法的重要性，使得贝叶斯统计分析成为人们关注的重点。

此外，还有发明高级编程语言，被称为"Python 之父"的荷兰程序员、计算机科学家吉多·范罗苏姆（Guido van Rossum），以及被誉为"生成对抗网络之父"的美国教授伊恩·古德费洛（Ian Goodfellow）等，人工智能领域可谓人才济济。

神经网络实际上只不过是对大脑的一种模拟，但迄今为止，我们对大脑的结构以及动力学的认识还相当初级，尤其是神经元活动与生物体行为之间的关系还远未建立。像乔丹一类研究深度学习的学者认为，贝叶斯公式概括了人们的学习过程，配合上大数据的训练能使得网络性能大大改善，因为人脑很可能就是这样一种多层次的深度神经网络。

综上所述，当今人工智能突破的关键是在"机器学习"。人类的智慧来自"学习"，想用机器模拟人之智慧，也得教会它们如何"学习"。学习什么呢？实际上就是要学会如何处理数据。实际上，这也是大人教孩子学会的东西：从感官得到的大量数据中挖掘出有用的信息来。如果用数学的语言来叙述，就是从数据中建模，抽象出模型的参数。

现今机器学习的任务，包括了"回归""分类""聚类"三大主要功能。在以下几节中，将通过一些具体实例对此作简单介绍。

回归是统计中常用的方法，目的是求解模型的参数，以便"回归"事物的本来面目，其基本原理可用图 7-2-3 简单说明。

图 7-2-3(a)是简单线性回归，以直线为数学模型，根据数据来估算两个参数 a_0 和 a_1 之值。在更为复杂的回归方法中，会用更为复杂的曲线来进行模型预测，因而模型使用的参数也就更多，如图 7-2-3(b)的三次方多项式回归中，有 4 个参数。

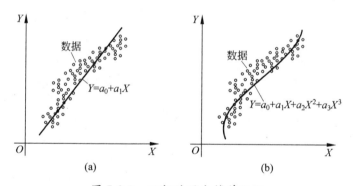

图 7-2-3　回归的两个简单例子

(a) 简单线性回归；(b) 立方多项式回归

除回归之外，分类和聚类是机器学习中的重要内容。将事物"分门别类"，也是人类从婴儿开始，对世界认知的第一步。妈妈教给孩子：这是狗，那是猫。这种学习方法属于"分类"，是在妈妈的指导下进行的"监督"学习。学习也可以是"无监督"的，比如说，孩子们看到了"天上飞的鸟、飞机"等，也看到了"水中游的鱼"等，很自然地自己就能将这些事物分成"飞物"和"游物"两大类，这种方法被称为"聚类"。

深度学习技术，最初是在语音识别领域中取得成功的。语音识别中的关键模型：隐马尔可夫模型，是我们第 3 章中介绍的典型随机过程——马尔可夫链的延拓和扩展。

3. 隐马尔可夫模型（HMM）

假设有 3 个不同的骰子：一个常见的 6 面骰子（骰$_6$），加上一个 4 面骰子（骰$_4$）和一个 8 面骰子（骰$_8$），如果均为公平骰子，那么 3 个骰子得到每一个面的概率分别为 1/6、1/4 和 1/8，如图 7-3-1 所示。

现在，我们开始掷这 3 个骰子，每次从 3 个骰子（骰$_6$、骰$_4$、骰$_8$）里随机地挑一个，等概率的情况下，挑到每一个骰子的概率都是 1/3。然后不断重复"挑骰子、抛骰子、挑骰子、抛骰子……"，便会产生一系列的状态（骰子面上的数字）。例如，我们有可能得到如下一个数字序列 A：

$$3 \quad 5 \quad 8; \quad 4 \quad 7 \quad 1; \quad 6 \quad 5 \quad 2; \quad 2 \quad 1\cdots\cdots \qquad (7\text{-}3\text{-}1)$$

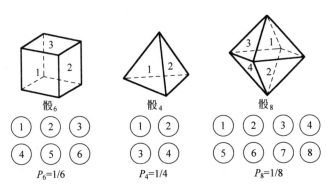

图 7-3-1　掷 3 个骰子

假设我们只能看见面上的数字，并不知道该数字是从哪一个骰子得到的，比如说，3 个骰子都有可能得到数字 3，不过，数字 7、8 只有骰$_8$ 才能抛出来……

根据以上的说法，序列(7-3-1)只是一个从外界观察到的"骰子面"数字序列，并不等同于 3 个骰子实际抛丢的序列 B：

骰$_4$ 骰$_6$ 骰$_8$; 骰$_6$ 骰$_8$ 骰$_6$; 骰$_6$ 骰$_8$ 骰$_4$; 骰$_8$ 骰$_6$

$$(7\text{-}3\text{-}2)$$

但两者发生的概率之间有某种关联。一般来说,将序列(7-3-1)叫作可观察序列,序列(7-3-2)叫作隐藏序列,因为被隐藏的序列(7-3-2)是一个马尔可夫链,所以,这个掷骰子例子构成了一个"隐马尔可夫模型",如图 7-3-2 所示。图 7-3-2 中,隐藏着的马尔可夫链的状态转换概率矩阵用 **A** 表示,在 3 个骰子等概率选择的情形下,矩阵 **A** 中的所有概率都是 1/3。但事实上这个概率矩阵可以根据问题之需要而任意设定。

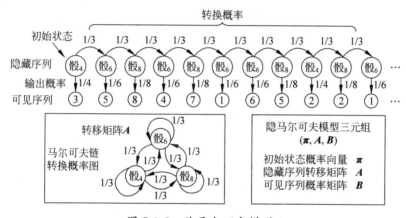

图 7-3-2 隐马尔可夫模型 1

使用更为数学化的语言:隐马尔可夫模型 λ 是由初始状态概率向量 **π**、状态转移概率矩阵 **A** 和观测概率矩阵 **B** 3 个基本要素决定的,可以用三元符号表示为

$$\lambda = (\boldsymbol{\pi}, \boldsymbol{A}, \boldsymbol{B})。$$

不少实际问题可以被抽象成隐马尔可夫模型,还有一个最常见的简单例子是维基百科中所举的从朋友的活动情况来猜测当地的气象模型,如图 7-3-3 所示。

从 3 个基本要素,可以归纳出隐马尔可夫模型的 3 个基本问题:给定HMM 求一个观察序列的概率,称为"评估";搜索最有可能生成一个观察序列的隐藏状态序列,称为"解码";从给定的观察序列生成一个 HMM,称为"学习"。对这些不同问题的解答,有多种分析和算法,我们不在此赘述。

隐马尔可夫模型是随机过程，即一系列随机变量的延伸，但人工智能需要解决的问题可能是多维的随机变量。比如说，如果语音可以看作一维的时间序列的话，图像就是二维的，而视频则涉及三维的随机变量。更一般而言，将随机变量的概率和统计之理论，与图论结合起来，不仅仅限于时间相关的"过程"，而是形成了各种多维的概率图（或网络）的概念，诸如贝叶斯网络、马尔可夫随机场等。

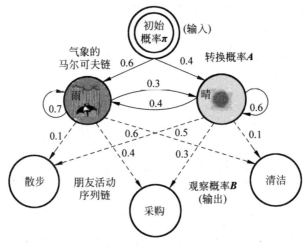

图 7-3-3 隐马尔可夫模型 2

4. 支持向量机（SVM）

支持向量机[40]不是一种"机器"，而是指用于分类与回归分析中处理数据的一种算法。简单地说，如果给定一组数据，每个数据都已经被标记为属于两个类别中的一个或另一个，如图 7-4-1（a）所示，左下的方框为一类，右上的圆圈为另一类。如果让你将图中这两类已知类别的数据分开来，是很容易的事：在它们的间隙中画条直线就可以了。不过，从图 7-4-1（a）可以看出，画分隔直线的方法很多，应该选择哪一条呢？支持向量机便是用计算机算法来选择其中的某一条直线，使得该直线与两边离得最近的点尽可能保持最远的距离。如图 7-4-1（b）中的那条直线，它与最接近的 3 个数据点（图中表示为实心的圈和方框）保持间隙最大。这几个最接近的数据点构成的矢量，被称为"支持向量"。

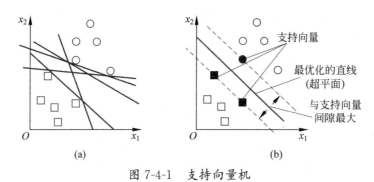

图 7-4-1　支持向量机

(a) 多条直线能够分类数据；(b) 间隙最大的那条

也就是说，最简单的支持向量机是一个二元线性分类器。然而，如果已经得到的数据情况不是那么简单，无法用二维平面上的一条直线将它们分隔开的时候，SVM 可以使用所谓的核技巧，将其数据输入隐式映射到高维特征空间中，有效地进行非线性分类。在此仅举一简单例子说明这一点。

如图 7-4-2(a)的数据，便无法用直线将平面上的两类数据分开，但支持向量机可以将数据相应地输入到一个三维空间中(图 7-4-2(b))，也就是对数据作了一个非线性变换。然后，在这个高一维的空间中，按照类似的"与支持向量尽可能保持最大间隔"的算法，用一个平面来分开两类数据。最后，再将平面投射到原来的二维空间中，得到分割线为一个圆形，如图 7-4-2(c)。一般的情况下，低维的数据可以输入到更高维数的空间中，然后寻找一个能够分隔数据的超平面，最后再将超平面投影到原来的低维空间。

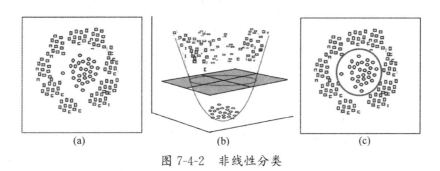

图 7-4-2　非线性分类

以上所述的在高维空间中用超平面"切一刀"，将空间一分为二的"分类"算法，可用于机器接收数据被"训练"的过程。一旦训练完成，新的数据到来时，支持向量机便可根据新数据所属的区域将其归类。

5. 朴素贝叶斯分类器

贝叶斯公式也可以用来将数据进行分类[41]，下面举例说明。

假设我们测试了 1000 个水果的数据，包括如下三种特征：形状（长?）、味道（甜?）、颜色（黄?），这些水果有三种：苹果、香蕉或梨子，如图 7-5-1（a）所示。现在，使用一个贝叶斯分类器，它将如何判定一个新给的水果的类别？比如说，这个水果三种特征全具备：长、甜、黄。那么，朴素贝叶斯分类器可以根据已知的训练数据给出这个水果是哪种水果的概率。

水果	长	甜	黄	总数
香蕉	400	350	450	500
苹果	0	150	300	300
梨子	100	150	50	200
总数	500	650	800	1000

(a)

(b)

图 7-5-1　朴素贝叶斯分类器

（a）1000 个水果的数据；（b）需要预测的水果：长、甜、黄

首先看看，从 1000 个水果的数据中，我们能得到些什么？

(1) 这些水果中，50%是香蕉，30%是苹果，20%是梨子。

也就是说，P（香蕉）＝0.5，P（苹果）＝0.3，P（梨子）＝0.2。

(2) 500 个香蕉中，400 个（80%）是长的，350 个（70%）是甜的，450 个（90%）是黄的。

也就是说，P（长|香蕉）＝0.8，P（甜|香蕉）＝0.7，P（黄|香蕉）＝0.9。

(3) 300 个苹果中，0 个（0%）是长的，150 个（50%）是甜的，300 个（100%）是黄的。

也就是说，P（长|苹果）＝0，P（甜|苹果）＝0.5，P（黄|苹果）＝1。

(4) 200 个梨子中，100 个（50%）是长的，150 个（75%）是甜的，50 个（25%）是黄的。

也就是说,$P(长|梨子)=0.5$,$P(甜|梨子)=0.75$,$P(黄|梨子)=0.25$。

以上的叙述中,$P(A|B)$表示"条件 B 成立时 A 发生的概率",比如说,$P(甜|梨子)$表示梨子中甜的概率,而 $P(梨子|甜)$表示甜水果中,梨子出现的概率。

所谓"朴素贝叶斯分类器",其中"朴素"一词的意思是说,数据中表达的信息是互相独立的,在本例的具体情况下,就是说,水果的"长、甜、黄"这三项特征互相独立,因为它们分别描述水果的形状、味道和颜色,互不相关。"贝叶斯"一词便表明此类分类器利用贝叶斯公式来计算后验概率,即:$P(A|新数据)=P(新数据|A)P(A)/P(新数据)$。

这里的"新数据"="长甜黄"。下面分别计算在"长甜黄"条件下,这个水果是香蕉、苹果、梨子的概率。对香蕉而言:

$$P(香蕉|长甜黄)=P(长甜黄|香蕉)P(香蕉)/P(长甜黄),$$

等式右边第一项:

$$P(长甜黄|香蕉)=P(长|香蕉)\times P(甜|香蕉)\times P(黄|香蕉)$$
$$=0.8\times 0.7\times 0.9=0.504。$$

以上计算中,将 $P(长甜黄|香蕉)$写成 3 个概率的乘积,便是因为特征互相独立。最后求得

$$P(香蕉|长甜黄)=0.504\times 0.5/P(长甜黄)=0.252/P(长甜黄)。$$

类似的方法可用于计算苹果的概率:

$$P(长甜黄|苹果)=P(长|苹果)\times P(甜|苹果)\times P(黄|苹果)=0\times 0.5\times 1=0。$$
$$P(苹果|长甜黄)=0。$$

对梨子:

$$P(长甜黄|梨子)=P(长|梨子)\times P(甜|梨子)\times P(黄|梨子)$$
$$=0.5\times 0.75\times 0.25=0.093\ 75$$

$$P(梨子|长甜黄)=0.018\ 75/P(长甜黄)。$$

分母:$P(长甜黄)=P(长甜黄|香蕉)\times P(香蕉)+P(长甜黄|苹果)\times P(苹果)+P(长甜黄|梨子)\times P(梨子)=0.270\ 75$

最后可得:$P(香蕉|长甜黄)=93\%$

　　　　　　$P(苹果|长甜黄)=0$

　　　　　　$P(梨子|长甜黄)=7\%$

因此，当你给我一个又长、又甜、又黄的水果，此例中曾经被 1000 个水果训练过的贝叶斯分类器得出的结论是：这个新水果不可能是苹果（概率 0），有很小的概率（7%）是梨子，最大的可能性（93%）是香蕉。

6. 分布之分布

频率学派和贝叶斯学派的重要区别之一是对概率模型"参数"的不同理解。频率学派认为模型参数是固定而客观存在的，贝叶斯学派则把模型的参数也当作一些不确定的随机变量。比如说，抛硬币的结果是一个随机事件，与硬币结构的公平性有关，在频率学派看来，硬币也许是公平的，也许不公平，由铸造时的某个固定物理参数决定。贝叶斯学派则将硬币的公平性也看成一个不确定的随机变量。所以，对贝叶斯学派而言，硬币实验中有两类随机变量：描述硬币"正反"的一类随机变量，和表征硬币偏向性的另一类随机变量（参数）。那么如果问道："该硬币是一个公平硬币的概率有多大？"这里指的就是"概率之概率"。如果谈及公平性的概率分布特性的话，那就是"分布之分布"了。所举硬币的例子是最简单的"分布之分布"，贝叶斯推断的核心是贝叶斯公式，即以更多的观测数据，不断地调整和修正参数型随机变量所对应的分布：

后验概率分布＝观测数据决定的调整因子×先验概率分布

将上式表达得稍微"数学"一点：

$$P(Y \mid 数据) = \{P(数据 \mid Y)/P(数据)\} \times P(Y)$$
$$= 似然函数 \times P(Y) \tag{7-6-1}$$

$P(数据)$ 可以暂不考虑，以后会将它放到概率的归一化因子中。

公式（7-6-1）中的 $P(Y)$ 是先验分布，$P(Y \mid 数据)$ 是考虑得到了更多数据条件下的后验分布，$P(数据 \mid Y)$ 是（正比于）似然函数。

再次以简单的"抛硬币"实验为例，首先研究一下似然函数。与硬币"正反"随机性对应的二项离散变量，事件要么发生（p），要么不发生（$1-p$）。如果发生 m 次，不发生 n 次，似然函数的形式为

$$P^m(1-p)^n$$

如果我们能找到一种分布形式来表示先验分布，乘以似然函数后，得到的

后验分布仍然能够保持同样的函数形式的话,便不仅具有代数公式的协调之美,也会给实际上的机器计算带来许多方便之处。具有上述优越性质的分布叫作"共轭先验"。

Beta 分布

很幸运,下面的 Beta 分布就具有我们要求的共轭先验性质,也就是说,Beta 分布是二项分布的共轭先验:

$$f(x;a,b)=x^{a-1}(1-x)^{b-1}/B(a,b) \tag{7-6-2}$$

公式(7-6-2)中用 $f(x;a,b)$ 表示 Beta 分布,其中的 $B(a,b)$ 是通常由 gamma 函数定义的 Beta 函数,在这里意义不大,只是作为一个归一化的常数而引进,以保证概率求和(或积分)得到 1。

简单举例

事实上,仅仅从硬币物理性质的角度来看,频率学派的观点似乎言之有理。硬币正反面的偏向性显然是一种固定的客观存在。但是,除此之外,还有很多其他不确定性的情况,就不见得符合这种"参数固定"的模型了,比如量子现象。下面再举一个简单例子:

用简单的"雨"或"无雨"来表示某城市气候中的"雨晴"状态。该城市已经有了 10 天的"雨晴"记录,其中 3 天有雨,7 天无雨,因而可以由此记录得到一个 Beta 先验分布: f(雨;3,7)。

然后,又过了 8 天,观测到了新的数据:其中 7 天有雨,1 天无雨,后验概率仍然是一个 Beta 分布,不过参数有所改变: f(雨;10,8),见图 7-6-1。

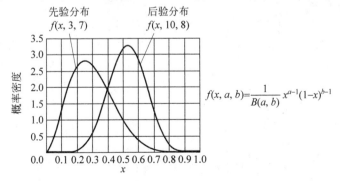

图 7-6-1　Beta 分布分析气候问题

与 Beta 分布类似,下一节将介绍的中国餐馆过程也是一种分布之分布。

7. 中国餐馆过程

中国菜举世闻名,中国餐馆遍及全球。但你可能没想到,这个词汇与当今最热门的机器学习拉上了关系,且听作者慢慢道来……

中国餐馆过程与概率

纽约一个中餐馆,生意兴隆,顾客无数,除了有各色人种都喜欢品尝的美味佳肴,还有一套特别的就座规矩。假想餐馆足够大,可以当作有无限多张桌子。对点菜有一个限制规则:不同的桌子可以有不同的菜,但每张桌子上却只能有同一道菜(分量足够多)。第一个顾客到来,当然是坐第一张桌子,他坐下之后点了一个菜。然后,进来了第二个顾客,他看了一眼一号桌的菜,如果他喜欢吃的话,就坐一号桌,否则另外再开一桌,自己点另一道菜。也就是说,从第二位顾客开始,每位顾客来到时都面临不同概率的两种选择:选择坐在已有顾客的某张桌子上,吃那张桌子上已经有的菜,或者是选择新开一张桌子,点一道新菜。选择概率的规则如下:比如说,第 $n+1(n>0)$ 个顾客到来的时候,已经在 k 张桌子上,分别坐了 $n_1, n_2, \cdots, n_k$ 个顾客,那么,第 $n+1$ 个顾客可以以 $n_i / (\alpha+n)$ 的概率选择坐在第 i 张桌子上,或者以 $\alpha/(\alpha+n)$(α 为坐在第一张空桌子上的顾客数量)的概率选择一张新的(第 $k+1$ 张)桌子坐下,见图 7-7-1。

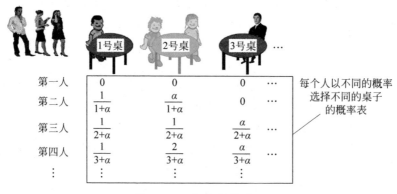

图 7-7-1　中国餐馆过程

将上述过程进一步解释一下：进来的第 $n+1$ 个顾客，选择新开桌子的概率为 $\alpha/(\alpha+n)$，选择在某个有人的第 i 张桌子坐下的概率则正比于该桌子上原有的人数 n_i。所以，在 n 个顾客坐定之后，这 n 个顾客分到了 k 张桌子上，然后，第 $n+1$ 个顾客来到，再以此类推地继续下去……

从上面描述的过程，我们得到了些什么呢？是否能对顾客在桌子上的分配情形有所预测？对此问题你可能会一脸茫然地说：唉，全都是"概率"，没有任何确定的数值啊！的确是如此，每位新来的顾客以其选择的概率，坐到以某种概率分配了人数的某张餐桌上……一切由概率决定，这是一个被称为"概率之概率"的问题。

虽然"概率"一词多得有点玄乎，但仔细一想问题中描述的顾客就座规律，多少还是符合现实的，既然餐馆不规定顾客座位，顾客当然是按概率就座。因为大多数人喜欢凑热闹聊天，所以原来桌子上的人越多，新客人选择该桌子的可能性便越大。此外，每张桌子上一致的菜式也影响顾客的选择，使得顾客们自然地倾向于与"看起来和自己同一类的人"坐在一起，正是"物以类聚、人以群分"。由此想象下去，最后结果可能会出现按照桌子将人大致分类的现象，因为同一类人聚集在同一张桌子上的概率更大。事实上，数学家们用与"中国餐馆过程"类似的模型来实现机器学习中的"聚类"过程[42]。

如上用通俗语言叙述的"中国餐馆过程"，实际上是一个抽象的数学模型，是与 Dirichlet 过程(DP)紧密相关并等效的过程，是对应于多项分布的"概率之概率"。

二项分布到多项分布

抛硬币数次的随机过程，可以用二项分布描述。即使是掷骰子，如果只考虑某一个面"出现"或"不出现"的概率分布，也可以使用二项分布描述。更一般的掷骰子问题，如果要同时考虑 6 个面出现的概率分布，便需要将二项分布推广到多项分布（6 项分布），比较二项分布及多项分布似然函数的形式，如式(7.7.1)所示。

$$\boxed{\text{二项分布} \quad p^m(1-p)^n} \qquad \boxed{\text{多项分布} \quad \prod_{t=1}^{K} p^{m_t}(1-p)^{n_t}} \quad (7.7.1)$$

具体将以上的多项分布用到掷骰子的例子时，$N=6$。但骰子也可以不是 6

面的，可以是 8 面、12 面、……或推广到任意多个面，同样可以使用式(7.7.1)中的多项分布公式。

与前一节中引入 Beta 分布的目的类似，在多项分布中，为了方便起见，也可以引入共轭先验分布，使得先验分布、似然函数，以及后验分布，都有类似的结构。因为此时后验和先验的差别只是指数幂的参数相加，使计算大大简化。多项分布的先验共轭，便是 Dirichlet 分布。因此，对多项分布的似然函数，如果公式(7-6-1)中的 $P(Y)$ 使用共轭先验，即 Dirichlet 分布的形式，则后验概率分布 $P(Y|数据)$ 仍然保持 Dirichlet 分布的形式，只是参数有所变化而已。

Dirichlet 分布

$$\text{Beta 分布：} f(x;\alpha,\beta) = \frac{1}{B(\alpha,\beta)} x^{\alpha-1}(1-x)^{\beta-1}$$

(7.7.2)

$$\text{Dirichlet 分布：} f(x_1,\cdots,x_K;\alpha_1,\cdots,\alpha_K) = \frac{1}{B(\alpha)} \prod_{i=1}^{K} x_i^{a_i-1}$$

式(7.7.2)中的 $B(\alpha,\beta)$ 和 $B(\alpha)$ 是由 gamma 函数定义的 Beta 函数，作为归一化常数。二项分布和多项分布是离散概率分布，但它们的共轭分布：Beta 分布和 Dirichlet 分布，是连续概率分布。因此，上面的 Beta 和 Dirichlet 分布公式中参数 α 的取值范围可扩充到任何正实数。当所有的 $\alpha=1$ 时，Dirichlet 分布简化为 K 维空间的均匀分布。Beta 分布和 Dirichlet 分布都被称为"分布之分布"。

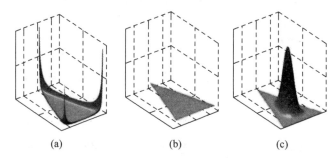

(a)　　　　　　(b)　　　　　　(c)

图 7-7-2　不同 α 下的 Dirichlet 分布

(a) $\{\alpha_k\}=0.1$；(b) $\{\alpha_k\}=1$；(c) $\{\alpha_k\}=10$

以掷一个 6 面($K=6$)的骰子为例，如果我们不知道这个骰子的物理偏向性，各面("1""2""3""4""5""6")出现的概率分别记为 p_1、p_2、p_3、p_4、p_5、p_6

（6 个概率之和为 1）。掷骰子 N 次之后，得到从"1"到"6"的一堆数据，每一个数字的数据都对应一个（待猜测的）分布，如何从这些数据来猜测这 6 个 p_i？贝叶斯分析的方法是首先给 p_i 一个假设分布，比如均匀分布（$p_i=1/6$），即先验概率为 $f(x_1, x_2, x_3, x_4, x_5, x_6; 1,1,1,1,1,1)$。然后，比如 $N=21$，假设 21 个样本数据中，有 3 个"1"、4 个"2"、2 个"3"、3 个"4"、5 个"5"、4 个"6"，从贝叶斯公式可得后验概率为如下 Dirichlet 分布：

$$f(x_1, x_2, x_3, x_4, x_5, x_6; 4,5,3,4,6,5)。$$

这个 Dirichlet 分布决定了由这 21 个样本而猜测的 6 个概率的分布函数。比较图 7-7-2 中的（b）和（c）可知，后验分布函数的形状已经大大不同于先验的"uniform"。

Dirichlet 过程

上面例子中是一个已知 6 面的骰子。如果我们对试验骰子的情况一无所知，甚至也不知道它有多少个面，那么我们的样本数据中，不仅仅会出现"1"到"6"，或许突然就冒出来一个"12"，甚至"213"等奇怪的大数值。在将来的数据无法预测的情形下，最好的方法是将我们的理论推广到无穷大维数（即上面 Dirichlet 分布表达式中的 K）的情形。当 Dirichlet 分布之维度趋向无限时，便成为 Dirichlet 过程（Dirichlet process）。

Dirichlet 过程是无限非参数离散分布的先验共轭，可以在无限混合模型中作为先验概率分布，用于文档分类、图像识别等的聚类算法中。

8. 机器深度学习的奥秘

前面介绍了几种分类和聚类的方法，现在介绍一下，让 AlphaGo 取胜的机器深度学习，到底是什么。简单地说，深度学习与多层卷积人工神经网络，是意义类似的术语，因此我们就从神经网络说起……

神经网络

顾名思义，人工神经网络是企图模拟人类神经系统而发展起来的。它的基本单元是感知器，相当于人类神经中的神经元，作用是感知环境变化及传递信息，见图 7-8-1。人体中的神经元连接在一起形成树状或网状结构，即人类的神经系统。人工神经元连接在一起，便成为如今深度学习的基础：人工神经网络。

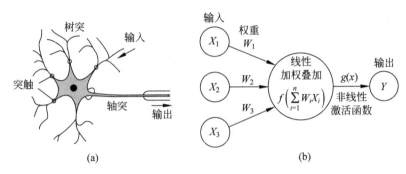

图 7-8-1　神经元

(a) 人脑中的神经元；(b) 人工神经网络中的神经元

　　人工神经网络的研究早已存在，但只是在深度学习出现之后，与概率统计分析方法相结合，近几年才真正挖掘出了它的巨大潜力。并且，现在所说的深度学习神经网络，不等同于人类大脑结构，指的是一种多层次的计算模型和学习方法，见图 7-8-2。为与早期研究的人工神经网络相区分，被称为"多层卷积神经网络"，本书中简称为"神经网络"。神经网络的重要特点之一就是需要"训练"，类似于儿童在妈妈的帮助下学习的过程。

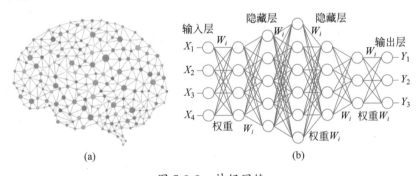

图 7-8-2　神经网络

(a) 大脑神经网络；(b) 多层人工神经网络

　　如前所述，分类是学习中重要的一环，孩子们是如何学会识别狗和猫的？是因为妈妈带他见识了各种狗和猫，多次的经验使他认识了狗和猫的多项特征，他便形成了自己的判断方法，将它们分成"猫""狗"两大类。科学家们也用类似的方法教机器学习。如图 7-8-2(b)所示，神经网络由输入层、输出层以及多个隐藏层组成，每一层包含若干个如图 7-8-1(b)所示的神经元。每个神经元能干什么呢？它可以说是一个分类器。在图 7-8-1(b)中，如果只有加权叠加的功能，便是最简单的线性分类器，如果进一步包括激活函数 g，便将工作范围扩充到非线性。比如说，也许有些人认为可以从耳朵来区别猫狗："狗的耳朵长，猫的耳朵短"，还有"猫耳朵朝上，狗耳朵朝下"。根据这两个"猫狗"的特征，将得到的数据画在一个平面图中，如图 7-8-3(b)所示。这时候，就有可能用图 7-8-3(b)中的一条直线 AB，很容易地将猫狗通过这两个特征区分开来。当然，这只是一个简单解释"特征"的例子，并不一定真能区分猫和狗。

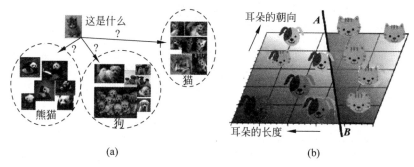

图 7-8-3　机器分类

(a) 分类；(b) 狗还是猫？

　　总而言之，一个人工神经元的基本作用就是根据某个"特征"，将区域作一个线性划分。那么，这条线应该画在哪儿呢？这就是"训练"过程需要解决的问题。在图 7-8-1(b)的神经元模型中，有几个被称为"权重"的参数 W_1、W_2、W_3，"训练"的过程就是调整这些参数，使得这条直线 AB 画在正确的位置，指向正确的方向。在上述例子中，神经元的输出可能是 0，或者 1，分别代表猫和狗。换言之，所谓"训练"，就是妈妈在教孩子认识猫和狗，对人工神经元而言，就是输入大量"猫狗"的照片，这些照片都已标记了正确的结果，神经元通过调节权重参数使输出符合已知答案。

　　经过训练后的神经元，便可以用来识别没有标记答案的猫狗照片了。例如，对以上所述的例子：如果数据落在直线 AB 左边，输出"狗"，右边则输出"猫"。

多层的意义

图 7-8-3(b)表达的是很简单的情形,大多数情况下并不能用一条直线将两种类型截然分开,图 7-8-4 中所示的是越来越复杂的情形。

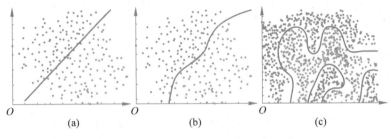

图 7-8-4　更多的特征需要更多的参数来识别

(a) 2 个参数；(b) 4 个参数；(c) 50 个参数

像图 7-8-4(b)和图 7-8-4(c)那样不能用直线分割的问题,有时可以使用数学上的空间变换来解决。但实际上,大多数情形比区别猫和狗时需要考察更多、更为细致的特征。特征多了,调节的参数也必须增多,也就是说,神经元的个数需要增多。首先人们将网络增加为两层,输入层和输出层之间插入一个隐藏层,这使得数据发生了空间变换。也就是说,两层具有激活函数的神经网络系统可以做非线性分类。

在两层神经网络的输出层后面,继续添加层次。原来的输出层变成中间层,新加的层次成为新的输出层,由此而构成了多层神经网络,参数数目(图 7-8-2(b)中各层之间的权重 W_i)大大增加,因此系统能进行更为复杂的函数拟合。

更多的层次有什么好处呢？通过研究发现,在参数数量一样的情况下,更深的网络往往具有比浅层的网络更好的识别效率。

有趣的是,神经网络似乎具有某种对"结构"进行自动挖掘的能力,它只需要我们给出被分类物件的某些底层特征,机器便能进行一定的自发"抽象"。比如,如图 7-8-5 所示,一张"人脸"可以看作简单模式的层级叠加,第一个隐藏层学习到的是人脸上的轮廓纹理(边缘特征),第二个隐藏层学习到的是由边缘构成的眼睛鼻子之类的"形状",第三个隐藏层学习到的是由"形状"组成的人脸

"图案"。每一层抽取的目标越来越抽象,在最后的输出中通过特征来对事物进行区分。

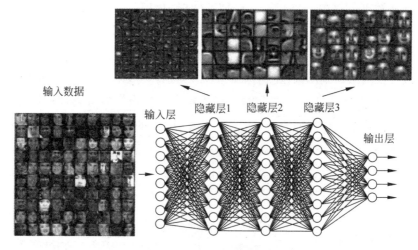

图 7-8-5　每一层的分类能力似乎越来越"抽象"

层数的多少,反映了神经网络的"深度",层数增多导致网络的节点数增多,即神经元的数目也增多。2012 年,吴恩达和 Jeff Dean 共同主导的 Google Brain 项目,在语音识别和图像识别等领域获得了巨大成功。他们使用的"深度神经网络",内部共有 10 亿个节点。然而,这一网络仍然不能与人类的神经系统相提并论。真正人脑中的神经系统是一个非常复杂的组织,据说成人的大脑中有成百上千亿个神经元。

神经网络虽然源于对大脑的模拟,但后来的发展则更大程度上被数学理论及统计方法所指导,正如飞机这一交通工具的发展过程,源于对鸟儿飞翔的模仿,但现代飞机的结构却与鸟类身体构造相去甚远。

卷积的作用

机器学习就是从大量的数据中挖掘有用的信息,层数越多,挖得越深。除了多层挖掘,每一层的"卷积"运算对目标"特征"的抽象有重大意义。

为了更好理解卷积的作用,我们可以与声音信号的傅里叶分析相比较。声音信号在时间域中是颇为复杂的曲线,需要大量数据来表示。如果经过傅里叶变换到频率域后，便只要少量的几个频谱、基频和几个泛音的数据就可以表示了。也就是说，傅里叶分析能够有效地提取和存储声音信号中的主要成分，降低描述数据的维数。卷积运算在神经网络中也有类似的作用：一是抽象重要成分，抛弃冗余的信息；二是降低数据矩阵的阶数，以节约计算时间和存储空间。

以神经网络识别图像（比如，猫的照片）为例，一般来说，输入是像素元组成的多维矩阵（例如 512×512），在神经网络中人为地设定一个卷积核矩阵，该矩阵根据需要抽取的信息而决定（注：图 7-8-6(b) 中的卷积核矩阵没有任何实用意义），卷积运算后，得到一个比输入矩阵更小的矩阵。图 7-8-6 直观地描述了卷积的作用。输入是 5×5 的矩阵，卷积核是 3×3 矩阵。最后得到的输出是

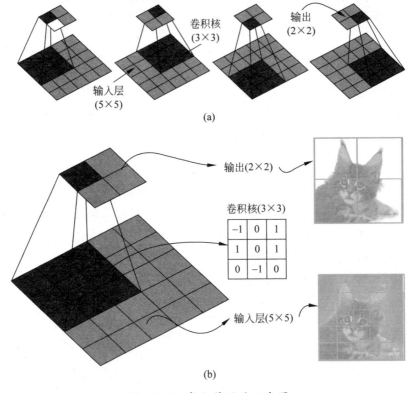

图 7-8-6　卷积作用的示意图

(a) 卷积原理示意图；(b) 卷积降低阶数

2×2 矩阵,输出比输入的阶数小,但仍然包含了原始输入中的主要信息。

9. 判别式和生成式

在机器学习中的监督学习模型,可以分为两种:判别式模型和生成式模型。从前面的叙述我们明白了机器如何"分类"。从这两种学习方式的名字,可以简单地理解为:判别式模型更多是考虑分类的问题,而生成式模型是要产生一个符合要求的样本。

还用识别"猫狗"的例子,用妈妈教孩子来举例。妈妈给孩子看了很多猫和狗的样本之后,指着一只猫问孩子,这是什么?孩子回忆后做出判断是"猫",这就是判别式。孩子答对了感到很高兴,自己拿起笔,在纸上画出一个脑海中猫的形象,这就是生成式了。机器的工作也类似,如图 7-9-1 所示,在判别式中,机器寻找判别需要的分界线,以区分不同类型的数据实例;生成式模型则可以区分狗和猫,最后画出一张"新的"动物照片:狗或猫。

也可以用概率的语言来解释两者的区别:设变量 Y 代表类别,X 代表可观察特征。判别模型是让机器学习条件概率分布 $P(Y|X)$,即在给定的特征 X 下类别为 Y 的概率;而在生成模型中,机器对每一个"类别"都建立一个联合概率 $P(X,Y)$ 的模型,因此可以生成看起来像某种类型的"新"样本。

下面举一个简单例子来深入说明。例如,类别 Y 是"猫、狗",或用 $(0,1)$ 表示,0 代表"猫",1 代表"狗"。特征 X 是耳朵的"上、下",或用 $(1,2)$ 表示,1 代表"下",2 代表"上"。假设我们只有如图所示的 4 张照片:$(x,y)=\{(1,1),(1,0),(2,0),(2,0)\}$。

判别式由条件概率 $P(Y|X)$ 建模,得到分界线(图 7-9-2 的左下图中的虚线);生成式由联合概率 $P(X,Y)$ 为每种类别建模,没有分界线,但划分了每个类型在数据空间的位置区间(图 7-9-2 的右下图中的圆圈)。或许上面的例子样本数太少,如果样本数增多的话,原理仍然是类似的,从图 7-9-3 可以看出这一点。

两种方法根据不同的模型给出的概率来工作。可以看出:判别式更简单,只在乎分界线;而生成式模型要对每个类别都进行建模,然后再通过贝叶斯公式计算样本属于各类别的后验概率。生成式信息丰富灵活性强,但学习和计算

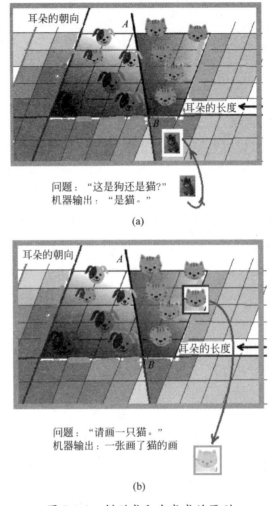

问题："这是狗还是猫?"
机器输出："是猫。"

(a)

问题："请画一只猫。"
机器输出：一张画了猫的画

(b)

图 7-9-1　判别式和生成式的区别

(a) 判别式；(b) 生成式

过程复杂，计算量大，如果只做分类，就浪费了计算量。

几年前，判别式模型更受人喜爱，因为它用更直接的方式去解决问题，所以得到了不少的应用，比如垃圾邮件和正常邮件的分类问题等。2016 年的 AlphaGo 也是判别式应用作决策的典型例子。而生成式需要更多的算力，但应用潜力巨大，下面将介绍的 ChatGPT 便是实例。

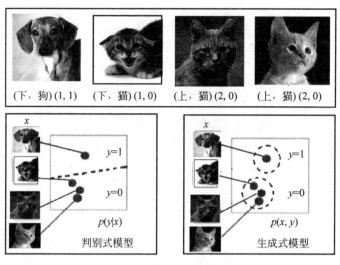

图 7-9-2　两种建模方式

图 7-9-3　判别式和生成式的区别

10. ChatGPT

2022 年年底问世的 ChatGPT,震撼了互联网。前面介绍的 AlphaGo,2016
年初挑战人类顶级围棋大师李世石,算是 AI 的第二次革命。那时候深度机器
学习和自然语言处理(NLP)刚起步。没想到短短几年过去,第三次 AI 浪潮滚
滚而来,基本搞定了自然语言的理解和生成难题,以 ChatGPT 发布为里程碑,
开辟了人机自然交流的新纪元。

如果你稍稍了解 ChatGPT,一定会惊奇于它涉猎极广:创作诗歌、生成代

图 7-10-1　OpenAI 发布的 ChatGPT

码、绘画作图、撰写论文，似乎样样精通，无所不能。是什么赋予了它如此强大的功力呢？

从 ChatGPT 的名字，我们知道它是一个"生成式预训练变换模型"（GPT）。这里包括了三个意思："生成式""预训练""变换模型"。"生成式"，点明它用的正是上面所介绍的生成式建模方法。"预训练"，说的是它经过了多次训练。"变换模型"是从"transformer"的英文翻译过来的。变换器于 2017 年由谷歌大脑的一个团队推出，可应用于翻译、文本摘要等任务，目前被认为是处理自然语言等顺序输入数据问题 NLP 的首选模型。

如果你问 ChatGPT，"它自己是什么？"之类的问题，一般来说，它会告诉你，它是一个大型的 AI 语言模型，这模型指的就是 transformer。

这一类的语言模型，通俗的意思就是一个会"文字接龙"的机器：输入一段文字，变换器输出一个"词"，对输入文字进行一个"合理的延续"。（注：此处说的输出是一个"词"，实际上是一个"token"，对不同的语言可能有不同的含义，中文可以是"字"，英文可能是"词根"。）

其实，语言本来就是"接龙"。我们不妨思考一下孩子学习语言和写作的过程。他们也是在听大人说了好多遍各种句子之后才学会怎么说话的。学写作也类似，有人说："熟读唐诗三百首，不会作诗也会吟"，初学者看了大量别人的文章后，刚开始写作时，总会有所模仿，实质上就是无意识地学会了"文字接龙"。

所以实际上，语言模型所做的事情听起来似乎极为简单，基本上只是在反复地询问"输入文本的下一个词应该是什么？"，如图 7-10-2 所示，模型选择输

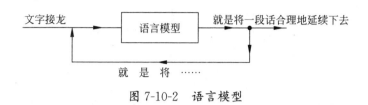

图 7-10-2　语言模型

出了一个词之后，把这个词加到原来的文本中，又输入语言模型，问同样的问题"下一个词是什么？"。然后，再输出、加进文本、输入、选择……如此反复循环，直到生成一个"合理的"文本为止。

　　机器模型生成的文本"合理"或"不合理"，最重要的因素首先是所用"生成型模型"的优劣，再就是"预训练"的功夫。在语言模型内部，对应一个输入文本，它会产生一个可能出现在后面的词的排序列表，以及与每个词对应的概率。例如，输入是"春风"，下一个可能的"字"很多，暂且只列举 5 个吧，可以是"吹0.11、暖 0.13、又 0.05、到 0.1、舞 0.08"等，每个字后面的数字表示它出现的概率。换言之，模型给出了一个带有概率的（很长的）单词列表。那么，应该选择哪一个呢？

　　如果每次都选择概率最高的那一个，应该是不太"合理"的。再来想想学习写作的过程吧，虽然也是在"接龙"，但是不同的人、不同的时候会有不同的接法。这样才能写出各种不同风格又有创意的文章来。所以，也应该给机器随机选择不同概率的机会，才能避免单调平淡，产生出多姿多彩趣味盎然的作品。尽管不建议每次选择概率最高的，但最好选择概率偏高的，做出一个"合理的模型"。

　　ChatGPT 是大型语言模型，这个"大"首先表现在模型神经网络权重参数的数量上。它的参数数目是决定其性能的关键因素。这些参数是在训练前需要预先设置的，它们可以控制生成语言的语法、语义和风格，以及语言理解的行为。它还可以控制训练过程中的行为，以及生成语言的质量。

　　OpenAI 的 GPT-3 模型具有 1750 亿参数量，ChatGPT 算是 GPT-3.5，参数数量应该多于 1750 亿。这些参数指的是在训练模型前需要预先设置的参数。在实际应用中，通常还需要通过实验来确定适当的参数数量，以获得最优的性能。

这些参数在成千上万次的训练过程中被修正，得出更好的神经网络模型。据说 GPT-3 训练一次的费用是 460 万美元，总训练成本达 1200 万美元。

如上所述，ChatGPT 的专长是生成"与人类作品类似"的文本。但一个能够生成符合语法的语言的东西，未必能够胜任数学计算、逻辑推理等另一些类型的工作，因为这些领域的表达方式完全不同于自然语言文本，这也就是为什么它在数理方面的测试中屡屡失败的原因。

此外，人们也经常发现 ChatGPT "一本正经地胡说八道"的笑话。其原因不难理解，主要还是训练的偏向问题。某些它完全没有听过的东西，当然无法给出正确的回答。还有多义词带来的问题，也使机器模型困惑。例如，据说有人问 ChatGPT "勾三股四弦五是什么"的时候，它一本正经地回答说："这是中国古代叫作'琴'的一种乐器的调弦方法"，然后还编造了一大堆话，令人捧腹不已。

总之，ChatGPT 一上场就基本取得成功，这也是概率论的胜利，贝叶斯的胜利。

参 考 文 献

[1] DEVLIN K. The unfinished game: Pascal, Fermat, and the seventeenth-century letter that made the world modern[M/OL]//SKYRMS B. Fermat and Pascal on probability. New York: Basic Books, 2008[2023-06-05]. https://www.york.ac.uk/depts/maths/histstat/pascal.pdf.

[2] PAPOUIS A. Probability, random variables, and stochastic processes[M]. 2nd ed. New York: McGraw-Hill,1984.

[3] JOSEPH B. Calcul des probabilités[M]. Paris: Gauthier-Villars, 1889.

[4] NEWCOMB S. Note on the frequency of use of the different digits in natural numbers[J]. American Journal of Mathematics,1881, 4 (1): 39-40.

[5] BENFORD F. The law of anomalous numbers [J]. Proceedings of the American Philosophical Society,1938,78: 551-572.

[6] HILL T P A. Statistical derivation of the significant-digit law [J]. Stat. Sci. ,1996,10: 354-363.

[7] MCGINTY J C. Accountants increasingly use data analysis to catch fraud[EB/OL]. [2023-06-05]. https://www.wsj.com/articles/accountants-increasingly-use-data-analysis-to-catch-fraud-1417804886.

[8] 陈希孺. 概率论与数理统计[M]. 合肥: 中国科学技术大学出版社,1992,175.

[9] BRUSKIEWICH P. The brilliant Bernoulli-a mathematical family[M]. San Francisco: Pythagoras Publishing,2014: 50.

[10] DANIEL B. Exposition of a new theory on the measurement of risk[J]. Econometrica, 1954,22: 23-36.

[11] IMREVUVAN B. Central limit the orems for Gaussian polytopes [J]. Annals of Probability,2007,35(4): 1593-1621.

[12] 张天蓉. 数学物理趣谈: 从无穷小开始[M]. 北京: 科学出版社,2015,71-75.

[13] MARTIN G. "Mathematical Games" column[J]. Scientific American, 1959, 180-182.

[14] ALAN H B, MATTHEW L J, ROBERT N L. A tale of two goats… and a car, or the importance of assumptions in problem solutions [J]. Journal of Recreational Mathematics,1995, 1-9.

[15] MORGAN J P CHAGANTY N R, DAHIYA R C,et al. Let's make a deal: The

player's dilemma [J/OL]. American Statistician, 1991, 45：284-287 [2023-06-05]. http：//www. its. caltech. edu/~ilian/ma2a/monty1. pdf.

[16] RICHARD G. The Monty Hall Problem is not a probability puzzle (it's a challenge in mathematical modelling)[J/OL]. Statistica Neerlandica, 2011, 65(1)：58-71[2023-06-05]. http：//arxiv. org/pdf/1002. 0651v3. pdf.

[17] JAYNES E T. Probability theory：The logic of science [M]. Cambridge：Cambridge University Press, 2003.

[18] WEINBERG S. The trouble with quantum mechanics[J/OL]. The New York Review of Books, 2017：19, Issue [2023-06-05]. http：//www. nybooks. com/articles/2017/01/19/trouble-with-quantum-mechanics/.

[19] 张天蓉. 走近量子纠缠系列之三：量子纠缠态[J/OL]. 物理，2014，43(9)：627-630 [2023-06-05]. http：//www. wuli. ac. cn/CN/abstract/abstract61515. shtml.

[20] EINSTEIN A, PODOLSKY B, ROSEN N. Can quantum-mechanical description of physical reality be considered complete？ [J]. Physical Review, 1935, 47 (10)：777-780.

[21] CAVES C M, FUCHS C A, SCHACK R. Quantum probabilities as Bayesian probabilities [J]. Physical Review, 2002, A65, 022305.

[22] VON BAEYAR H C. QBism：The future of quantum physics[M]. Boston：Harvard University Press, 2016.

[23] EDDY S R. What is Bayesian statistics?[J]. Nature Biotechnology, 2004, 22, 1177-1178.

[24] VANDERPLSA J. Frequentism and Bayesianism：A python-driven primer[EB/OL]. [2023-06-05]. https://arxiv. org/abs/1411. 5018.

[25] RUGGLES R, BRODIE H. An empirical approach to economic intelligence in world war Ⅱ [J]. Journal of the American Statistical Association, 1947, 42 (237)：72.

[26] MARKO A A. Extension of the limit theorems of probability theory to a sum of variables connected in a chain[M]. New York：John Wiley and Sons, 1971.

[27] REARSON K. The problem of the random walk [J]. Nature, 1905, 72 (1865)：294.

[28] FINCH S R. Mathematical constants[M]. Cambridge：Cambridge University Press, 2003：322-331.

[29] 郝柏林. 布朗运动理论一百年[J]. 物理，2011，40(01)：1-7.

[30] FREEMAN P R. The secretary problem and its extensions：A review [J]. International Statistical Review, 1983, 51 (2)：189-206.

[31] GUSEIN-ZADE S M. The problem of choice and the optimal stopping rule for a sequence of random trials[J]. Theory Probab, 1966, 11(3) ：472-476.

[32] CLAUSIUS R, HIRST T A. The mechanical theory of heat-with its applications to the steam engine and to physical properties of bodies-primary source edition [M]. Charleston：Nabu Press, 2014：120.

［33］　PENROSE R. The road to reality：A complete guide to the universe［M］. New York：Alfred A. Knopf,2004，705-706.

［34］　郝柏林. 伊辛（Ising）模型背后的故事［EB/OL］.（2007-10-03）［2023-06-05］. http：//blog. sciencenet. cn/blog-1248-1843. html.

［35］　赵凯华,罗蔚因. 新概念物理教程•热学［M］. 2 版. 北京：高等教育出版社,1998.

［36］　SHANNON C E. A mathematical theory of communication［J］. Bell System Technical Journal,1948,379-423，623-656.

［37］　MACKAY,DAVID J C. Information theory，inference and learning algorithms［M］. Cambridge：Cambridge University Press,2003.

［38］　DUNCAN W. Six degrees：The science of a connected age［M］. New York：W. W. Norton & Company,2003.

［39］　SILLVER D. Mastering the game of Go with deep neural networks and tree search［J］. Nature，2016，529：484-489.

［40］　CORTES C,VAPNIK V. Support-vector networks［J］. Machine Learning,1995,20（3）：273-297.

［41］　STUART R，PETER N. Artificial intelligence：A modern approach［M］. 2nd ed. Upper Saddle River：Prentice Hall. 2003：90.

［42］　ALDORS D J. Exchangeability and related topics［M］. Berlin：Springer，1985.